DIE GRUNDLAGEN DER ABGASABFÜHRUNG BEI GASFEUERSTÄTTEN

VON

DR. SCHUMACHER

MÜNCHEN

HERAUSGEGEBEN MIT UNTERSTÜTZUNG
DES DEUTSCHEN VEREINS VON GAS- UND
WASSERFACHMÄNNERN E. V.

MIT 44 ABBILDUNGEN UND 6 TAFELN

DRUCK VON R. OLDENBOURG IN MÜNCHEN

Vorwort.

Stand in früheren Zeiten die Gaserzeugung im Vordergrund des Interesses bei den Gasfachmännern, so hat in den letzten Jahren auch die Gasverwendung die Aufmerksamkeit der Fachleute bedeutend mehr auf sich gezogen. Das Vordringen des Gases in fast alle Gebiete, bei denen Wärme gebraucht wird, bringt es mit sich, daß sich die Gasingenieure mit den Einrichtungen und Prozessen, bei denen Gas benützt werden kann, eingehend beschäftigen und vertraut machen müssen. Das Arbeitsgebiet ist groß und erfordert mancherlei Kenntnisse und Erfahrungen, so daß es wohl berechtigt wäre, wenn sich ein Spezialistentum eigens hierfür herausbilden würde. Diesen Gasingenieuren, die das Gas als solches zunächst als etwas Gegebenes betrachten können, aber diesen Brennstoff in allen seinen Eigenschaften genau kennen müssen und ihn zu handhaben verstehen, fällt die Aufgabe zu, die Vorbedingungen bei der Anwendung des Gases für irgendeinen Zweck zu studieren, die technischen Grundlagen für die Ausbildung der betreffenden Gasgeräte zu schaffen und als verläßliche und gute Berater bei der Gasverwendung aufzutreten. Folgende Gebiete müßten diese Gasingenieure besonders beherrschen: Thermodynamik (Verbrennung, Wärmeübergang, Strömung), Materialkunde, Gasgerätebau, Regel- und Sicherheitsapparate, Gasmengenmessung, Gas- und Abgasinstallationen, Versuchstechnik, die verschiedenen Anwendungsgebiete für Gas (Raumheizung, Warmwasserbereitung, industrielle Feuerungen zum Wärmen, Härten usw., Wäschereinigung und -trocknung, Bäckereibetrieb u. dgl.); ferner müssen sie die einschlägigen polizeilichen oder sonstigen Vorschriften kennen.

Diesen Gasingenieuren obliegt auch die Erforschung neuer Anwendungsgebiete für Gas; sie müssen deshalb in der Lage sein, auch die erforderlichen konstruktiven Arbeiten bei der Einrichtung einer neuen Gasfeuerstätte bis zu einem gewissen Grade selbst zu leisten. Das ganze Arbeitsgebiet ist interessant und wird um so interessanter, je mehr man sich mit der Sache beschäftigt. Der Ingenieur trifft hier überall auf Neuland und kann noch außerordentlich zur Entwicklung dieses Gebietes beitragen. Eine der dankbarsten und notwendigsten Aufgaben wäre z. B. die Klarlegung und Entwicklung von Konstruktionselementen für den Gasgerätebau analog etwa den Maschinenelementen im Maschinenbau. Die Ansicht, daß man Gasgeräte gefühlsmäßig zusammenbasteln muß, weil es anders nicht geht, teile ich nicht. Wäre man auf diesem Gebiet schon immer so vorgegangen, wie es sonst in der übrigen Technik vielfach gemacht ist, so hätten wir heute nicht diese zum Teil unhaltbaren Zustände. Warum kann man sonst Feuerungen, Dampfkessel usw. berechnen, und warum kann man allgemein heute noch nicht Gasgeräte in ähnlicher Weise berechnen? Das liegt nicht daran, daß etwa bei den Gasgeräten die Verhältnisse komplizierter liegen als meinetwegen bei einem Dampfkessel — das Gegenteil ist gerade der Fall —, sondern daran, daß man bei der Entwicklung der Gasgeräte offenbar anders vorgegangen ist oder noch nicht genügend Arbeit in dieses Spezialgebiet hineingesteckt hat.

Man kann einwenden: die Objekte auf dem Gebiete der Gasverwendung sind zu klein dafür, als daß sich diese Arbeit lohnt. Ich möchte das nicht glauben; denn wer eine hervorragend gute Ware liefert, hat eher Aussicht auf Erfolg als ein anderer, der sich die Verbesserung seines Erzeugnisses bis zur höchsten Vollkommenheit nicht angelegen sein läßt. Wer natürlich glaubt, daß wir es auf dem Gebiet der Gasverwendung schon herrlich weit gebracht haben und daß doch alles in bester Ordnung sei, der sieht nicht die Schwächen dieses Faches und kennt nicht die Höhe, die die Technik auf anderen Gebieten schon erreicht hat.

Die rationelle Technik hat vielfach auf dem Gebiet der Gasanwendung noch kaum Fuß gefaßt. Prof. Bunte urteilte in seinem Vortrag »Gas als Brennstoff« über eine gewisse Kategorie von »sog. Konstrukteuren von Gasfeuerstätten« in folgender Weise: ». . . sie selbst sind nur stolz darauf, Praktiker, vielleicht sogar ‚alte Praktiker‘ zu sein, sind aber nicht Sachverständige.«

Erfahrung und Routine allein reichen in der heutigen Zeit zur weiteren Entwicklung der Gasanwendung nicht mehr aus. Erfahrung hatte z. B. früher auch ein alter Gießermeister, wenn es ihm gelang, ein gutes Eisen herzustellen; aber wie hat sich dieses Gebiet herausgemacht, als man die Metallographie als wissenschaftliches Rüstzeug mit zu Hilfe nahm, als man der Erfahrung also das Wissen hinzugesellte. In gleicher Weise sollte man auch in der Gasverwendung neben der rein praktischen Erfahrung das Wissen nicht außer acht lassen und dieses ebenso fördern und anwenden.

Dies verleitet mich dazu, auch ein Wort zugunsten der »Theorie« hier zu sagen. Es scheint mir — nach dem direkten oder indirekten Urteil so mancher Leute im Fach — die Theorie und die Anwendung der Theorie auf dem Gebiet der Gasverwendung vorläufig noch nicht gerade im hohen Ansehen zu stehen. Ich möchte dagegen auf die große Bedeutung verweisen, die die Theorie in allen Zweigen der Technik (Maschinenbau, Elektrotechnik, Bauwesen usw.) auch für die Praxis erlangt hat. Ist es da nicht verwunderlich, warum auf dem Gebiet der Gasverwendung die Theorie z. T. so wenig geachtet ist? Man verkennt offenbar den Nutzen, den man aus der Anwendung der Theorie für die Praxis ziehen kann. Die Theorie ist bei richtiger Anwendung geradezu die Schrittmacherin für die Praxis. Leider liegen die Verhältnisse oft so, daß die sich ablehnend gegen die Theorie verhaltenden Leute die Theorie zu wenig kennen, also ein diesbezügliches Urteil gar nicht abgeben können und sich daher instinktiv zur Rettung ihres persönlichen Prestiges ablehnend verhalten müssen. Immer wieder kann man feststellen, daß diese Leute auf die Theorie — soweit sie sie selbst noch beherrschen — schwören; aber wenn es über ihr eigenes theoretisches Wissen hinausgeht, die Theorie als grau, zwecklos oder phantastisch bezeichnen — nicht wissend, wie unkonsequent sie sich dabei verhalten. Wenn ich daher im folgenden die Theorie der Abgasabführung zu Worte kommen lasse, so bin ich mir schon im voraus des ablehnenden Urteils mancher Leute wohl bewußt[1]). Aber für diese sind ja die folgenden Ausführungen nicht bestimmt, sondern ich rechne damit, daß die Kenntnis der Zusammenhänge bei der Erzeugung und Ableitung der Verbrennungsprodukte für alle Zeiten im Mittelpunkt der Gasverwendung stehen wird, sei es bei der Konstruktion von Gasgeräten oder industriellen Gasfeuerungen oder bei der Abgasabführung.

---

[1]) Ich würde es im Interesse des Faches außerordentlich begrüßen, wenn von ihnen andere, wirklich neue Mittel und Wege zur Förderung der Abgasfrage — sowohl hinsichtlich der Klärung der Vorgänge als auch hinsichtlich der reinen Praxis — angegeben werden könnten.

Die Aneignung physikalisch richtiger Anschauungen und eine Vertiefung der Kenntnisse auf diesem Gebiet halte ich besonders bei den Ingenieuren für notwendig, die sich mit der Gasverwendung und mit der Konstruktion und Prüfung von Gasgeräten beschäftigen. Für die jüngeren Ingenieure, die sich dem Gasfach zuwenden und der Gasverwendung ihr größeres Interesse schenken wollen, fehlte bisher eine zusammenfassende Darstellung der Grundlagen der Abgasabführung.

Es sei noch bemerkt, daß es sich in der folgenden Abhandlung nur um die Grundlagen der Abgasabführung handelt, nicht etwa um eine Anleitung für Abgasinstallationen, bei denen die wissenschaftlichen Grundlagen ihre praktische Anwendung finden müssen. Bezüglich Abgasinstallationen sei auf die 10. bzw. 11. Auflage der »Häuslichen Gasfeuerstätten« des DVGW verwiesen.

Dem Gaswerk München (Herrn Oberbaudirektor Kleeblatt, Herrn Oberingenieur Knabenschuh und Herrn Ing. Holzmayer), sowie dem Deutschen Verein von Gas- und Wasserfachmännern (insbesondere Herrn Direktor Müller, Hamburg, und Herrn Dr.-Ing. e. h. Lempelius) möchte ich an dieser Stelle für die Unterstützung bei dem Zustandekommen der vorliegenden Arbeit meinen Dank aussprechen. Ein Auszug ihres ersten Teiles wurde von mir bereits Anfang 1930 dem Gasgeräteausschuß des DVGW als Vorschlag für einheitliche Bezeichnungen und Rechenmethoden auf dem Gebiet der Abgasabführung vorgelegt.

München, Dezember 1932.

Dr. ing. Schumacher.

Inhaltsverzeichnis.

Seite

I. Thermodynamik der Abgase 8
1. Formelzeichen 8
2. Allgemeines über Entstehung der Abgase, Einführung der Konstanten Q_0, D_0, CO_{2max}, L_0, H_0 eines Heizgases 10
3. Trockene Abgase 14
a) rechnerische Zusammenhänge der verschiedenen Größen untereinander, trockenes Abgasvolumen 14
b) Raumgewicht der trockenen Abgase 16
c) Spezifische Wärme der trockenen Abgase 17
4. Feuchte Abgase 20
a) Taupunkttemperatur 20
b) feuchtes Abgasvolumen 22
c) Raumgewicht der feuchten Abgase 24
d) spezifische Wärme der feuchten Abgase 24
5. Wärmeinhalt der Abgase und Abgasverlust 25
a) bei trockenen Abgasen 26
b) bei feuchten Abgasen 26
6. Berücksichtigung der Feuchtigkeit im Heizgas und in der Verbrennungsluft 28
7. Aufstellung von Abgasdiagrammen 29
8. Zusammenfassung der Formeln 45
9. Durchrechnung eines Zahlenbeispiels 48

II. Abführung der Abgase 54
Begriffserklärungen 54
1. Allgemeines 57
2. Der Auftrieb 60
3. Äußere Druckeinflüsse 70
4. Zusammenwirken von thermischen und Druckeinflüssen bei der Abgasabführung 74
5. Die Umsetzung der Auftriebsenergie beim Strömungsvorgang der Abgase 78
6. Strömungswiderstände 93
7. Temperaturveränderungen der Abgase in Abgasleitungen . 99
8. Weiten der Abgasleitungen 104
9. Der Strömungsvorgang in Gasgeräten 107
10. Zugunterbrechung, Stau- und Rückstromsicherung 116

I. Thermodynamik der Abgase.

1. Formelzeichen.

m^3 Raumeinheit bei beliebigem Druck und beliebiger Temperatur.

Nm^3 Raumeinheit eines Gases (trocken) bei 0^0 C und 760 mm Q.-S.

C_p die spez. Wärme von 1 Nm^3 trockenem Abgas in kcal/Nm^3 und ^{0}C bei konstantem Druck.

C_{pf} spez. Wärme von 1 Nm^3 trockenem Abgas + entsprechender Wasserdampfmenge in kcal/^{0}C.

CO', H_2', CH_4', C_2H_4', C_6H_6', O_2', N_2', CO_2' = chem. Zeichen und zugleich Raumanteile in Nm^3 der Einzelgase im Heizgas (vor der Verbrennung).

CO_2, N_2, O_2, die prozentualen Volumenanteile der betreffenden Einzelgase im trockenen Abgas.

$CO_{2\,max}$ der prozentuale Volumenanteil von Kohlensäure in Q_0.

CO_2^* der prozentuale Kohlensäuregehalt des mit Wasserdampf vollgesättigten Abgases.

CO_{2m} der prozentuale Kohlensäuregehalt der trockenen Abgase nach der Mischung mit Luft.

D_0 die Verbrennungswassermenge in kg, welche bei Verbrennung von 1 Nm^3 trockenem Heizgas mit trockener Luft entsteht.

D die in 1 Nm^3 trockenem Abgas enthaltene Verbrennungswassermenge in kg.

D_n der Wassergehalt von 1 Nm^3 trockenem Abgas im Nebelgebiet in kg.

D_v Wasserausfall in kg aus der Abgasmenge von 1 Nm^3 Heizgas.

G Gewicht (in kg) der trockenen Abgasmenge, die bei Verbrennung von 1 Nm^3 Heizgas entsteht.

γ_{g0} das Raumgewicht der trockenen Abgase bei 0/760 in kg/Nm^3.

γ_g das Raumgewicht der trockenen Abgase bei beliebiger Temperatur und beliebigem Druck in kg/m^3.

γ_{gf} Raumgewicht der feuchten Abgase in kg/m^3.

γ_l	Raumgewicht der Luft in kg/m³.
H_0	der obere Heizwert 1 Nm³ trockenen Heizgases in kcal.
H_u	der untere Heizwert 1 Nm³ trockenen Heizgases in kcal.
h	Gesamtdruck (absolut) in mm Q.-S.
$\mathfrak{h}$	Spannung des gesättigten Wasserdampfes in mm Q.-S.
h_D	Spannung des überhitzten Wasserdampfes in mm Q.-S.
h_g	Teildruck der trockenen Abgase in mm Q.-S.
φ	Sättigungsgrad.
J_t	Wärmeinhalt der trockenen Abgase, welche bei der Verbrennung von 1 Nm³ Heizgas mit Luftüberschuß entstehen, in kcal.
J_f	Wärmeinhalt der feuchten Abgase, welche bei der Verbrennung von 1 Nm³ Heizgas entstehen, in kcal.
J	Wärmeinhalt von 1 Nm³ trockenem Abgas mit einer entsprechenden Wasserdampfmenge in kcal.
J_w	Wärmeinhalt des beigemischten Wassers in kcal.
J^*	Wärmeinhalt von 1 Nm³ trockenem Abgas, welches mit Wasserdampf voll gesättigt ist, in kcal.
J_L	Wärmeinhalt von 1 Nm³ Luft in kcal.
J_m	Wärmeinhalt einer Mischung von Abgasen mit Luft in kcal.
L_0	die theoretische oder Mindestluftmenge in Nm³, welche zur Verbrennung von 1 Nm³ trockenem Heizgas notwendig ist.
L	die Verbrennungsluftmenge in Nm³, welche zur Verbrennung von 1 Nm³ Heizgas bei Luftüberschuß zugeführt wird.
λ	$= \frac{L}{L_0}$ die Luftüberschußzahl.
Q_0	die trockene Abgasmenge in Nm³ von 1 Nm³ Heizgas bei Verbrennung ohne Luftüberschuß.
Q_t	die trockene Abgasmenge in Nm³ von 1 Nm³ Heizgas bei Verbrennung mit Luftüberschuß.
Q_f	feuchtes Abgasvolumen in m³, welches bei Verbrennung von 1 Nm³ Heizgas entsteht.
R_G	Gaskonstante für trockenes Abgas.
R_D	Gaskonstante für Wasserdampf.
r_i	Raumanteile der Einzelgase im trockenen Abgas.
M_i	zugehörige Molekulargewichte.
T	absolute Temperatur.
t	Temperatur in °C.

t_g Abgastemperatur in °C.
t_l Lufttemperatur in °C.
t_k Taupunktstemperatur des Abgases in °C.
$\mathfrak{V}$ Abgasverlust in kcal oder % bezogen auf unteren oder oberen Heizwert.
W Wasserdampfmenge in kg, die 1 Nm³ trockenes Abgas bei voller Sättigung mit Wasserdampf hat.

2. Allgemeines über Entstehung der Abgase; Einführung der Festwerte Q_0, D_0, CO_{2max}, L_0, H_0.

Die technischen Heizgase sind ein Gemisch von brennbaren Gasen (Wasserstoff, Methan, Kohlenoxyd, schwere Kohlenwasserstoffe) und einigen nicht brennbaren (sog. inerten) Gasen (Kohlensäure und Stickstoff). Die brennbaren Bestandteile aller Heizgase gehen bei vollkommener Verbrennung über in Kohlensäure und Wasserdampf bzw. Wasser. Diese beiden Stoffe (Kohlensäure und Verbrennungswasser) sind die einzigen Verbrennungsprodukte, welche sich aus dem Verbrennungsvorgang bei vollkommener Verbrennung irgendeines Heizgases ergeben, da von Schwefelverbindungen hier abgesehen werden kann. Die genannten beiden Verbrennungsprodukte ergeben mit den unbrennbaren Bestandteilen eines Heizgases (Kohlensäure und Stickstoff) und mit dem Stickstoff, welcher aus der Mindestluftmenge (theoretischen Luftmenge) nach Verbrauch des Sauerstoffes noch übrig bleibt, das Abgas. Wenn Heizgase ohne Luftüberschuß, also nur mit der Mindestluftmenge, welche für ein Gas bestimmter Zusammensetzung immer gleich ist, verbrannt werden, bestehen die Abgase nur aus Kohlensäure, Stickstoff und Wasser, wenn — wie im folgenden immer — vollkommene Verbrennung vorausgesetzt wird. Diese drei Bestandteile des Abgases sind für 1 m³ Heizgas bestimmter Zusammensetzung der Menge nach immer gleich, gleichgültig ob das Heizgas nur mit der Mindestluftmenge oder mit Luftüberschuß verbrannt wird; denn die überschüssige Verbrennungsluft, welche aus praktischen Gründen zwar zur Erzielung einer vollkommenen Verbrennung immer vorhanden sein muß, aber am eigentlichen Verbrennungsvorgang nicht teilnimmt, geht unverändert durch den Verbrennungsvorgang und vermehrt einfach das Abgasvolumen. Je nach der Menge der zugeführten überschüssigen Verbrennungsluft wird daher das Abgas in solchen Fällen durch diese Luft verdünnt.

In Abb. 1 ist dieser Vorgang anschaulich dargestellt: Man sieht links das Heizgas, bestehend aus unbrennbaren und brennbaren Bestandteilen, ferner die zugeführte Verbrennungsluft, bestehend aus der Mindestluftmenge, deren Sauerstoff mit den brennbaren Bestandteilen des Heizgases in Reaktion tritt, und aus der überschüssigen Luftmenge. Aus 1 m³ Heizgas bestimmter Zusammensetzung

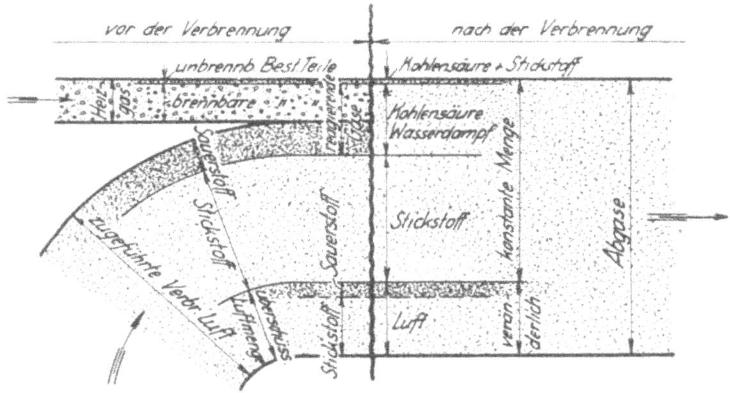

Abb. 1. Schema für die Entstehung der Abgase (als Volumendiagramm nicht maßstäblich).

und aus der zugehörigen Mindestluftmenge ergibt sich nach dem Verbrennungsvorgang eine konstante Menge, bestehend aus einer bestimmten, stets gleichbleibenden Kohlensäuremenge, einer ebenfalls gleichbleibenden Stickstoffmenge und konstanter Wasserdampfmenge; zu diesen konstanten Mengen mischt sich je nach dem Luftüberschuß eine veränderliche Luftmenge, so daß auch letzten Endes das nach der Verbrennung von 1 m³ Heizgas vorhandene Abgasvolumen je nach dem vorhandenen Luftüberschuß veränderlich ist.

Aus Gründen der Übersichtlichkeit bei den nachstehend ausgeführten Rechnungen wird rechnerisch zweckmäßig die je nach dem Luftüberschuß veränderliche Stickstoffmenge, welche durch die überschüssige Verbrennungsluft in die Abgase hineinkommt, nicht zusammengetan mit der konstanten Stickstoffmenge, welche aus der Mindestluftmenge und den unbrennbaren Bestandteilen des Heizgases herrührt; denn so hat man nur eine Veränderliche, nämlich die veränderliche überschüssige Luftmenge in den Abgasen, während bei Zusammenfassung der beiden Stickstoffmengen zwei Veränderliche entstehen würden: eine veränderliche Stickstoffmenge und eine veränderliche Sauerstoffmenge. Eine Veränderliche mehr erschwert aber die Rechnungen schon erheblich.

Von einem beliebigen Heizgas läßt sich die nach der Verbrennung ohne Luftüberschuß vorhandene trockene Abgasmenge, welche im folgenden stets mit Q_0 bezeichnet wird, in Nm^3 pro 1 Nm^3 Heizgas, ferner die Verbrennungswassermenge, welche im folgenden stets mit D_0 bezeichnet wird, in kg pro 1 Nm^3 Heizgas angeben bzw. aus der Heizgaszusammensetzung — wie später dargelegt — errechnen. Q_0 und D_0 sind für ein Heizgas bestimmter Zusammensetzung Festwerte, konstante Größen, welche sich bei der Verbrennung von trockenem Heizgas mit trockener Luft ergeben. Die trockene Abgasmenge Q_0 setzt sich immer nur aus Kohlensäure und Stickstoff zusammen. Der Kohlensäuregehalt, d. h. das in Prozent ausgedrückte Verhältnis des Kohlensäurevolumens zum trockenen Abgasvolumen Q_0 ist hier zahlenmäßig am größten (es wird im folgenden immer mit $CO_{2\,max}$ bezeichnet); denn wenn das Abgasvolumen Q_0 bei Verbrennung des Heizgases mit Luftüberschuß durch diese überschüssige Luft gemischt oder »gestreckt« wird, kommt auf ein größeres Abgasvolumen die gleiche Kohlensäure*menge*, d. h. der Kohlensäure*gehalt* $CO_2\%$ des Gemisches (Q_0 + überschüssige Luft) muß kleiner sein als $CO_{2\,max}$, und zwar um so kleiner, je größer der Luftüberschuß ist. Ist außer den Werten Q_0 und D_0 noch $CO_{2\,max}$ und die zur Verbrennung von 1 Nm^3 Heizgas (ohne Luftüberschuß) theoretisch benötigte trockene Luftmenge L_0 Nm^3 bekannt, so können sämtliche anderen Werte, z. B. Abgasmenge, Raumgewichte, spez. Wärme, Abgasverluste usw. durch diese vier Kenngrößen irgendeines Heizgases ausgedrückt werden. Als 5. Kenngröße ist hier noch der obere Heizwert des Gases H_0 kcal/Nm^3 zu nennen.

Vorläufig ist nur die Verwendung von trockenen Heizgasen und trockener Verbrennungsluft in die Betrachtungen hineingezogen. Von dem Feuchtigkeitsgehalt bzw. Wasserdampfgehalt des Heizgases bzw. der Verbrennungsluft und von dessen Einfluß auf die Zusammensetzung usw. des Abgases ist noch nichts erwähnt; der besseren Übersichtlichkeit wegen wird hierüber das Erforderliche erst später nach der Behandlung der Verbrennung der trockenen Heizgase mit trockener Luft gebracht; so viel sei schon jetzt gesagt, daß dieser Feuchtigkeitsgehalt nur in wenigen Fällen, z. B. bei Taupunktstemperaturbestimmung, überhaupt eine beachtenswerte Rolle spielt.

Da der prozentuale Kohlensäuregehalt der Abgase leicht festzustellen ist, beurteilt man die Verbrennungsvorgänge gewöhnlich nach dem CO_2-Gehalt der Abgase und charakterisiert alle Ergebnisse durch den CO_2-Gehalt. Mathematisch ausgedrückt ist der CO_2-Gehalt (% CO_2) in den Gleichungen daher allein die unabhängige Veränderliche; die Gleichungen dürfen daher außer dieser Veränderlichen CO_2 nur noch die Konstanten Q_0, D_0, $CO_{2\,max}$, L_0 und H_0 enthalten.

Die Zahlenwerte von Q_0, D_0, $CO_{2\,max}$, L_0 und H_0 eines Heizgases können aus der Zusammensetzung des Heizgases in folgender Weise berechnet werden:

Besteht 1 Nm^3 Heizgas aus folgenden Bestandteilen — die chemischen Zeichen bezeichnen zugleich die Raumteile in Nm^3 — also nicht nach Prozent — $CO' + H_2' + CH_4' + C_2H_4' + C_6H_6' + O_2' + N_2' + CO_2' = 1$, so ist:

$$L_0 = \frac{1}{0{,}21}\left(0{,}5\,(CO' + H_2') + 2\,CH_4' + 3\,C_2H_4' + 7{,}5\,C_6H_6' - O_2'\right)$$

bzw.

$$L_0 = 2{,}381\,(CO' + H_2') + 9{,}52\,CH_4' + 14{,}28\,C_2H_4' + 35{,}7\,C_6H_6' - 4{,}76\,O_2'\ Nm^3 \quad \text{Gl. 1)}$$

$$Q_0 = CO_2' + CO' + CH_4' + 2\,C_2H_4' + 6\,C_6H_6' + N_2' + 0{,}79\,L_0$$

bzw.

$$Q_0 = CO_2' + 2{,}88\,CO' + 8{,}52\,CH_4' + 13{,}28\,C_2H_4' + 34{,}22\,C_6H_6' + 1{,}88\,H_2' + N_2' - 3{,}76\,O_2'\ Nm^3 \quad \text{Gl. 2)}$$

$$CO_{2\,max} = \frac{CO_2' + CO' + CH_4' + 2\,C_2H_4' + 6\,C_6H_6'}{Q_0}\,100\,\% \quad \text{Gl. 3)}$$

$$D_0 = \left(H_2' + 2\,(CH_4' + C_2H_4') + 3\,C_6H_6'\right)0{,}804\ kg$$

bzw.

$$D_0 = 0{,}804\,H_2' + 1{,}608\,(CH_4' + C_2H_4') + 2{,}412\,C_6H_6'\ kg \quad \text{Gl. 4)}$$

$$H_o = 3034\,CO' + 3052\,H_2' + 9527\,CH_4' + 14903\,C_2H_4' + \\ + 34423\,C_6H_6'\ \text{kcal/Nm}^3 \quad \text{Gl. 5)}$$[1]

$$H_u = 3034\,CO' + 2570\,H_2' + 8562\,CH_4' + 13939\,C_2H_4' + \\ + 32978\,C_6H_6'\ \text{kcal/Nm}^3 \quad \text{Gl. 6)}$$[1]

Sind noch weitere brennbare Einzelgase als die erwähnten im Heizgas, so sind diese entsprechend zu berücksichtigen.

Die Ermittlung der Zusammensetzung eines Heizgases ist oft nicht einfach und vielfach nur ungenau zu bekommen; deshalb ist es erwünscht, daß man Q_0, D_0, $CO_{2\,max}$, L_0 und H_0 direkt bestimmt. D_0 und H_0 können mit Hilfe des Kalorimeters gefunden werden. Für H_0 ist der kalorimetrische, nicht der aus der Gasanalyse berechnete Heizwert maßgebend. Über die direkte Messung der übrigen Werte Q_0 und $CO_{2\,max}$ werden weiter unten einige Angaben gemacht.

3. Trockene Abgase.

a) Rechnerische Zusammenhänge der verschiedenen Größen untereinander, trockenes Abgasvolumen.

Die nachstehenden Rechnungen beziehen sich auf die Abgasmenge von 1 Nm³ trockenem Heizgas.

Wird das Heizgas bei Anwesenheit einer größeren Luftmenge, als zur vollkommenen Verbrennung theoretisch notwendig wäre, d. h. mit Luftüberschuß verbrannt, so beträgt die trockene Abgasmenge Q_t:

$$Q_t = Q_0 \frac{CO_{2\,max}}{CO_2}\ \text{Nm}^3/\text{Nm}^3\ \text{Heizgas} \quad \text{Gl. 7)}$$

worin enthalten sind:

$$\text{Kohlensäure}\ Q_0 \frac{CO_{2\,max}}{100},\ \text{oder}\ Q_t \cdot \frac{CO_2}{100}\ \text{Nm}^3 \quad \text{Gl. 8)}$$

$$\text{Stickstoff}\ Q_0\left(1 - \frac{CO_{2\,max}}{100}\right)\text{Nm}^3 \quad \text{Gl. 9)}$$

$$\text{Luft}\ Q_t - Q_0 = Q_0 \frac{CO_{2\,max}}{CO_2} - Q_0 = Q_0 \frac{CO_{2\,max} - CO_2}{CO_2}\ \text{Nm}^3 \quad \text{Gl. 10)}$$

---

[1]) Die Heizwerte der Einzelgase sind dem Buch: „Zum Gaskurs“, Ausgabe 1921 entnommen.

bzw. Sauerstoff $0{,}21\,(Q_t - Q_0) = 0{,}21\,Q_0 \dfrac{CO_{2\,max} - CO_2}{CO_2}$ Nm³. Gl. 11)

Gesamtstickstoff $0{,}79\,(Q_t - Q_0) + Q_0 \left(1 - \dfrac{CO_{2\,max}}{100}\right) =$

$$= Q_0 \left(0{,}21 + CO_{2\,max} \left(\frac{0{,}79}{CO_2} - 0{,}01\right)\right) \text{Nm}^3 \;. \quad \text{Gl. 12)}$$

Der Verbrennungsluftverbrauch L ergibt sich zu

$$L = L_0 + (Q_t - Q_0) = L_0 + Q_0 \frac{CO_{2\,max} - CO_2}{CO_2} \text{Nm}^3 \;. \quad \text{Gl. 13)}$$

und der Luftüberschuß (= das Verhältnis der in den Abgasen von 1 Nm³ Heizgas vorhandenen Luft zur Luftmenge L_0 oder — was dasselbe ist — das Verhältnis der Differenz (tatsächlicher Luftverbrauch minus theoretischer Luftbedarf = $L - L_0$) zum theoretischen Luftbedarf) zu

$$\frac{L - L_0}{L_0} 100 = \frac{Q_0}{L_0} \cdot \frac{CO_{2\,max} - CO_2}{CO_2} 100\% \quad . \; . \; \text{Gl. 14)}$$

bzw. die Luftüberschußzahl λ (= das Verhältnis des tatsächlichen Luftverbrauchs zum theoretischen Luftbedarf oder: die Luftüberschußzahl λ gibt an, wie vielfach der tatsächliche Luftverbrauch größer ist als der theoretische Luftbedarf) zu:

$$\lambda = \frac{L}{L_0} = 1 + \frac{Q_0}{L_0} \cdot \frac{CO_{2\,max} - CO_2}{CO_2} \quad . \; . \; . \; . \; \text{Gl 15)}$$

Zwischen dem Sauerstoffgehalt $O_2\%$ der Abgase, dem CO_2-Gehalt und $CO_{2\,max}$ besteht die Beziehung:

$$CO_{2\,max} = 21 \frac{CO_2}{21 - O_2} \% \quad . \; . \; . \; . \; . \; \text{Gl. 16)}$$

Diese Beziehung hat insofern praktische Bedeutung, als man mit ihrer Hilfe aus dem CO_2- und O_2-Gehalt der Abgase eines Heizgases den Wert $CO_{2\,max}$ berechnen kann.

Es sei an dieser Stelle erwähnt, daß man die trockene Abgasmenge Q_0 mit Hilfe der Gleichung:

$$Q_t = Q_0 \frac{CO_{2\,max}}{CO_2} \quad \text{bzw.} \quad Q_0 = Q_t \frac{CO_2}{CO_{2\,max}} \text{ Nm}^3$$

in folgender Weise bestimmen kann: Man verbrennt eine gewisse mit dem Gasmesser bestimmbare Heizgasmenge in einem geeigneten

Brenner, saugt die gesamten Abgase in einen geeichten Behälter oder in eine Flasche (Aspirator), bestimmt darin die Abgasmenge, ferner dessen CO_2- und O_2-Gehalt; errechnet daraus Q_t = Abgasmenge pro 1 Nm³ Heizgas, ferner $CO_{2\,max}$ und Q_0 nach vorstehenden Formeln.

b) Raumgewicht γ_g kg/m³ der trockenen Abgase:

Folgende Werte der Raumgewichte werden für die Einzelgase zugrunde gelegt (die Zahlentafel 1 enthält zugleich die spezifischen Wärmen der Einzelgase).

Zahlentafel 1.

	Raumgewicht kg/Nm³	Spez. Wärme kcal/°C und kg c_p	Spez. Wärme kcal/°C und Nm³ C_p
Luft	1,293	0,24	0,311
Sauerstoff	1,429	0,218	0,311
Stickstoff	1,251	0,249	0,311
Kohlenoxyd	1,250	0,25	0,311
Kohlensäure	1,964	0,21	0,413
Schweflige Säure	2,860		
Wasserdampf	0,804	0,46	0,37

Werden die Volumina der Einzelgase im Abgas mit den zugehörigen Raumgewichten nach Zahlentafel 1 multipliziert und das so erhaltene Gesamtgewicht der trockenen Abgase durch das gesamte Abgasvolumen dividiert, so erhält man das Raumgewicht. Da die pro Nm³ Heizgas entwickelte trockene Abgasmenge Q_t Nm³ sich nach früherem aus folgenden Einzelgasmengen zusammensetzt:

$$\text{Kohlensäure } Q_0 \frac{CO_{2\,max}}{100} \text{ Nm}^3 \quad \ldots\ldots \quad \text{Gl. 8)}$$

$$\text{Stickstoff } Q_0 \left(1 - \frac{CO_{2\,max}}{100}\right) \text{ Nm}^3 \quad \ldots. \quad \text{Gl. 9)}$$

$$\text{Luft } Q_0 \frac{CO_{2\,max} - CO_2}{CO_2} \text{ Nm}^3 \quad \ldots\ldots \quad \text{Gl. 10)}$$

ergibt sich das Raumgewicht γ_{g0} der trockenen Abgase bei 0/760 zu

$$\gamma_{g0} = \frac{CO_{2\,max} \cdot 1{,}964 + (100 - CO_{2\,max}) \cdot 1{,}251 + 100 \frac{CO_{2\,max} - CO_2}{CO_2} \cdot 1{,}293}{\frac{CO_{2\,max}}{CO_2} 100} \text{ kg/Nm}^3$$

bzw.

$$\gamma_{g0} = 1{,}293 + \frac{CO_2}{100}\left(0{,}713 - \frac{4{,}2}{CO_{2\,max}}\right) \text{kg/Nm}^3 \quad . \quad \text{Gl. 17)}$$

Bei der Temperatur $t_g{}^0$ C und h mm Q.-S. beträgt das Raumgewicht γ_g der trockenen Abgase:

$$\gamma_g = \frac{273}{273 + t_g} \cdot \frac{h}{760}\, \gamma_{g0} \text{ kg/m}^3 \quad . \; . \; . \; . \; . \quad \text{Gl. 18)}$$

Die Gleichung für γ_{g0} besagt, daß das Raumgewicht der trockenen Abgase aller Heizgase außer vom CO_2-Gehalt nur von $CO_{2\,max}$ abhängt. Die Zahlentafel 2 enthält die Werte von γ_{g0} bei verschiedenem $CO_{2\,max}$ und CO_2.

Zahlentafel 2.

Raumgewichte in kg/Nm³ von trockenen Abgasen bei 0°/760

$CO_{2\,max}$ % \ CO_2 %	0	2	4	6	8	10	12	14	16	18	20	22	24
6	1,293	1,293	1,294	1,294									
8	1,293	1,297	1,301	1,304	1,308								
10	1,293	1,299	1,305	1,311	1,317	1,322							
12	1,293	1,301	1,308	1,315	1,322	1,329	1,337						
14	1,293	1,301	1,310	1,318	1,326	1,334	1,343	1,351					
16	1,293	1,302	1,311	1,320	1,329	1,338	1,347	1,356	1,365				
18	1,293	1,303	1,312	1,322	1,331	1,341	1,351	1,360	1,370	1,379			
20	1,293	1,303	1,313	1,323	1,333	1,343	1,353	1,363	1,374	1,384	1,394		
22	1,293	1,303	1,314	1,325	1,335	1,345	1,356	1,366	1,377	1,387	1,397	1,408	
24	1,293	1,304	1,319	1,325	1,336	1,347	1,358	1,368	1,379	1,390	1,401	1,412	1,422

c) Spezifische Wärme der trockenen Abgase.

Die spez. Wärme C_p kcal/Nm³ und °C der trockenen Abgase wird in der Weise berechnet, daß die Volumina der Einzelgase im Abgas mit den zugehörigen spez. Wärmen (vgl. Zahlentafel 1) multipliziert, diese Produkte addiert werden und die Summe durch das gesamte trockene Abgasvolumen dividiert wird:

$$Q_t \cdot C_p =$$
$$= Q_0 \frac{CO_{2\,max}}{100} 0{,}413 + Q_0\left(1 - \frac{CO_{2\,max}}{100}\right) 0{,}311 + Q_0 \frac{CO_{2\,max} - CO_2}{CO_2} \cdot 0{,}311.$$

Da $Q_t = Q_0 \frac{CO_{2\,max}}{CO_2}$, ergibt sich:

$$C_p = 0{,}311 + 0{,}00102 \cdot CO_2 \text{ kcal/Nm}^3 \text{ u. }^0\text{C} \quad . \; . \quad \text{Gl. 19)}$$

Die Gleichung besagt, daß die spez. Wärme der trockenen Abgase aller Heizgase nur vom CO_2-Gehalt abhängig ist.

Zahlentafel 3. Blatt 1.

Wassergehalt gesättigter Abgase g/Nm³ trock. Abgas.

Temperatur	Spannung d. Wasserdampfs mm Q.-S.	Dampfgew. g/m³	Gesamtdruck des Gemisches in mm Q.-S.											
			680	690	700	710	720	730	740	750	760	770	780	790
0	4,600	4,9	5,4	5,4	5,3	5,3	5,2	5,0	5,0	4,9	4,9	4,8	4,8	4,7
1	4,940	5,2	6,0	5,8	5,7	5,7	5,6	5,4	5,4	5,3	5,3	5,2	5,2	5,0
2	5,302	5,6	6,3	6,2	6,1	6,1	6,0	6,0	5,8	5,7	5,7	5,6	5,6	5,4
3	5,687	6,0	6,7	6,7	6,6	6,5	6,5	6,3	6,2	6,2	6,1	6,0	6,0	5,8
4	6,097	6,4	7,2	7,1	7,1	7,0	6,9	6,7	6,7	6,6	6,5	6,5	6,3	6,2
5	6,534	6,8	7,8	7,6	7,6	7,5	7,4	7,2	7,1	7,1	7,0	6,9	6,9	6,7
6	6,998	7,3	8,4	8,3	8,1	8,0	7,9	7,8	7,6	7,6	7,5	7,4	7,2	7,2
7	7,492	7,7	8,9	8,8	8,7	8,5	8,4	8,4	8,3	8,1	8,0	7,9	7,8	7,8
8	8,017	8,3	9,6	9,4	9,3	9,2	9,1	8,9	8,8	8,7	8,5	8,4	8,4	8,3
9	8,574	8,8	10,3	10,1	10,0	9,8	9,7	9,6	9,4	9,3	9,2	9,1	8,9	8,8
10	9,165	9,4	11,0	10,9	10,7	10.5	10,3	10,2	10,1	10,0	9,8	9,7	9,6	9,4
11	9,762	10	11,8	11,5	11,4	11,2	11,0	10,9	10,7	10,6	10,5	10,3	10,2	10,1
12	10,457	11	13	12	12	12	12,0	12,0	12,0	11,0	11,0	11,0	11	11
13	11,162	11	13	13	13	13	13	13	12	12	12	12	12	11
14	11,908	12	14	14	14	14	14	13	13	13	13	13	13	12
15	12,699	13	15	15	15	15	14	14	14	14	14	13	13	13
16	13,536	14	17	16	16	16	16	15	15	14	14	14	14	14
17	14,421	14	17	17	17	17	17	17	16	16	16	16	15	15
18	15,357	15	18	18	18	18	18	17	17	17	17	17	17	16
19	16,346	16	19	19	19	19	18	18	18	18	18	17	17	17
20	17,391	17	21	21	21	21	20	19	19	19	19	18	18	18
21	18,495	18	22	22	22	22	21	21	21	21	20	19	19	19
22	19,659	19	25	23	23	23	22	22	22	22	22	21	21	20
23	20,888	20	26	25	25	25	24	24	23	23	23	22	22	22
24	22,184	22	27	27	26	26	26	25	25	25	25	24	23	23
25	23,550	23	28	28	28	27	27	27	26	26	26	26	25	24
26	24,988	24	31	30	30	30	29	28	28	27	27	27	27	26
27	26,505	26	32	32	31	31	31	30	30	30	29	28	28	28
28	28,101	27	35	34	34	33	32	32	32	31	31	31	30	30
29	29,782	29	36	36	36	35	35	34	34	33	32	32	32	31
30	31,548	30	39	39	38	37	37	36	36	35	35	35	34	33
31	33,406	32	41	41	40	40	39	39	38	38	37	36	36	35
32	35,359	34	44	44	43	43	42	41	40	40	39	39	39	38
33	37,411	35	47	46	45	45	44	44	43	43	42	41	40	40
34	39,565	37	49	49	48	48	47	46	45	45	44	44	43	43
35	41,827	39	53	52	51	50	49	49	48	48	47	46	45	45
36	44,201	41	55	55	54	53	53	52	51	50	49	49	48	48
37	46,691	44	59	58	58	57	56	55	54	53	53	52	52	50
38	49,302	46	63	62	61	60	59	58	57	57	56	55	54	53
39	52,039	48	67	66	65	64	63	62	61	60	59	58	57	57
40	54,906	51	71	70	69	67	67	66	65	64	63	62	61	60
			680	690	700	710	720	730	740	750	760	770	780	790

Zahlentafel 3. Blatt 2.

Wassergehalt gesättigter Abgase g/Nm³ trock. Abgas.

Temperatur	Spannung d. Wasserdampfs mm Q.-S.	Dampfgewicht g/m³	Gesamtdruck des Gemisches in mm Q.-S.											
			680	690	700	710	720	730	740	750	760	770	780	790
41	57,910	53	75	74	72	71	70	70	69	68	67	66	65	64
42	61,055	56	79	78	77	76	75	74	72	71	70	70	69	67
43	64,346	59	84	83	81	80	79	78	76	75	75	74	72	71
44	67,790	62	89	88	87	85	84	83	81	80	79	78	76	75
45	71,391	65	94	93	92	90	89	88	87	85	84	83	81	80
46	75,158	68	100	98	97	96	94	92	90	89	88	87	85	84
47	79,093	72	106	104	102	101	100	98	97	95	93	92	91	89
48	83,204	75	112	110	109	107	105	103	102	100	98	97	95	93
49	87,499	79	119	117	115	113	111	110	108	106	105	104	102	100
50	91,982	82	126	124	122	121	118	116	114	113	111	109	107	106
51	96,661	86	133	131	129	127	125	123	121	119	118	116	114	113
52	101,543	90	141	138	136	134	132	130	128	126	124	122	120	119
53	106,636	95	150	147	145	142	140	137	135	133	131	129	127	125
54	111,945	99	158	155	153	150	148	146	144	141	139	137	135	133
55	117,478	104	168	165	162	159	156	154	151	149	147	145	143	141
56	123,244	108	178	175	172	169	166	163	160	158	155	153	151	149
57	129,251	113	189	185	182	179	176	173	170	167	164	162	159	158
58	135,505	119	200	196	193	190	186	183	180	177	175	172	169	167
59	142,015	124	212	208	204	200	198	194	191	188	185	181	179	176
60	148,791	130	225	221	217	213	210	207	203	199	196	193	189	186
61	155,839	136	239	235	230	226	222	219	215	212	208	204	201	198
62	163,170	142	254	250	245	240	235	231	228	224	220	216	212	209
63	170,791	148	270	265	260	255	251	246	242	237	233	229	225	222
64	178,714	154	287	281	275	270	265	261	256	252	247	243	239	235
65	186,945	161	305	299	292	287	282	277	271	266	262	257	253	250
66	195,496	168	324	318	312	305	300	295	290	285	279	274	269	265
67	204,376	175	345	339	332	325	319	313	307	301	296	291	286	280
68	213,596	182	368	361	353	346	339	332	326	320	314	308	303	298
69	223,165	190	393	384	376	368	361	354	347	340	334	329	322	317
70	233,093	198	419	410	401	393	385	378	370	362	356	349	343	336
71	243,393	207	449	439	429	419	410	402	394	387	379	372	365	358
72	254,073	215	479	468	458	447	438	429	420	411	404	396	388	380
73	265,147	225	514	502	491	480	469	459	449	440	432	423	414	406
74	276,624	233	552	438	525	514	502	491	481	471	461	451	442	433
75	288,517	242	592	578	564	550	536	524	512	502	491	481	472	462
76	300,838	251	637	621	605	591	577	564	551	538	526	515	504	494
77	313,600	261	688	668	651	634	619	605	491	578	565	552	539	528
78	326,811	271	743	723	703	685	667	651	634	620	606	593	580	568
79	340,488	282	805	782	760	740	720	702	684	668	652	637	623	609
80	354,643	293	876	850	825	802	780	760	740	720	703	686	670	654
			680	690	700	710	720	730	740	750	760	770	780	790

4. Feuchte Abgase.

Der Feuchtigkeitsgehalt des Heizgases sowie der Verbrennungsluft wird zunächst außer acht gelassen und als Null angenommen. Später soll auch dieser berücksichtigt werden (vgl. Abschnitt 6).

a) Taupunktstemperatur.

Da die bei der Verbrennung von 1 Nm³ Heizgas gebildete Verbrennungswassermenge D_0 kg unabhängig vom Luftüberschuß ist, beträgt die in 1 Nm³ trockenem Abgas enthaltene Verbrennungswassermenge D kg:

$$D = \frac{D_0}{Q_t} = \frac{D_0}{Q_0 \frac{CO_{2\,max}}{CO_2}} = \frac{D_0}{Q_0} \cdot \frac{CO_2}{CO_{2\,max}} \text{ kg Wasser/Nm}^3 \text{ tr. Abgas} \quad \text{Gl. 20)}$$

Da D_0, Q_0, $CO_{2\,max}$ konstante Werte für ein bestimmtes Heizgas sind, ändert sich daher der gewichtsmäßig auf 1 Nm³ trockenes Abgas entfallende Wassergehalt der Abgase direkt proportional mit dem CO_2-Gehalt der Abgase.

Die Taupunktstemperatur der Abgase — das ist diejenige Temperatur der Abgase, bei der sich bei Abkühlung der Abgase das Verbrennungswasser in flüssiger Form auszuscheiden beginnt — ist durch nachstehendes Diagramm Abb. 2 gekennzeichnet. Bei einer bestimmten Temperatur kann demnach 1 Nm³ Abgas nur eine ge-

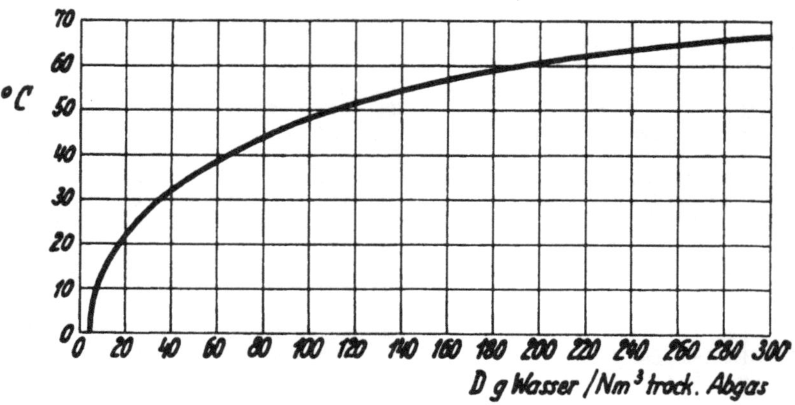

Abb. 2. Taupunktstemperatur-Kurve.

wisse nicht überschreitbare Menge an Wasserdampf enthalten; das Abgas ist hierbei gesättigt. Man errechnet aus der Gl. 20) den Wert D kg, sucht auf der Abszisse des Diagramms Abb. 2 den gleichen Wert — im Diagramm in Gramm angegeben —, geht senkrecht nach oben bis zur Kurve und liest links die Taupunktstemperatur ab. Das Diagramm Abb. 2 gilt für einen Gemischdruck (Barometerstand) von 760 mm Q.-S. Zahlentafel 3 enthält außerdem den Wassergehalt gesättigter Abgase (in g Wasser pro 1 Nm^3 trockener Abgase) bei verschiedenen Temperaturen und verschiedenem Gemischdruck. Mit Hilfe dieser Zahlentafel 3 kann man ebenfalls die Taupunktstemperatur bei bekanntem D ermitteln.

Es wäre vorteilhaft, wenn man die Taupunktstemperatur direkt errechnen könnte ohne Benutzung eines Diagramms oder einer Zahlentafel. Da die allgemeine Beziehung zwischen Taupunktstemperatur $t_k{}^0$ C und dem Wassergehalt D kg/Nm^3 keine einfache Funktion ist und komplizierte Funktionen praktisch wenig Anwendung finden, kann man sich dadurch helfen, daß man zwischen gewissen Temperaturintervallen angenäherte Lösungen sucht. Folgende beiden Gleichungen sind brauchbar:

zwischen 48 und 62° C: $t_k = 125D + 36\ {}^0\text{C}$,
» 38 » 48° C: $t_k = 213D + 27\ {}^0\text{C}$.

Setzt man in diese Gleichungen den obigen Wert

$$D = \frac{D_0}{Q_0} \cdot \frac{CO_2}{CO_{2\,max}},$$

dann ist die Taupunktstemperatur:

$$\text{zwischen 48 und 62}^0\text{C:}\quad t_k = 125\,\frac{D_0}{Q_0} \cdot \frac{CO_2}{CO_{2\,max}} + 36\ {}^0\text{C} \qquad \text{Gl. 21)}$$

$$\text{zwischen 38 und 48}^0\text{C:}\quad t_k = 213\,\frac{D_0}{Q_0} \cdot \frac{CO_2}{CO_{2\,max}} + 27\ {}^0\text{C} \qquad \text{Gl. 22)}$$

Da die Taupunktstemperaturen bei Kohlen-, Wasser- und Mischgasen in praktischen Fällen zwischen 40 und 60° C liegen, sind hierfür die Gleichungen benutzbar, nicht aber für Schwachgase, deren Taupunktstemperaturen auch in praktischen Fällen unter 40° C liegen. Wenn die nach einer der beiden Gleichungen berechnete Taupunktstemperatur nicht in die Gültigkeitsgrenzen der Gleichung hineinfällt, muß die Taupunktstemperatur nach der zweiten Gleichung berechnet werden. Für genauere Bestimmungen der Taupunktstemperaturen[1]) ist das Diagramm Abb. 2 oder Zahlentafel 3 zu benützen. Die Gl. 21) und 22) gelten für einen Gemischdruck (Barometerstand) von 760 mm Q.-S.

b) Das bei der Verbrennung von 1 Nm³ Heizgas entstehende feuchte Abgasvolumen Q_f.

Bei Berechnung des feuchten Abgasvolumens Q_f, das bei der Verbrennung von 1 Nm³ Heizgas entsteht, sind die Gesetze für die Mischung vollkommener Gase anzuwenden. Die Volumina an Wasserdampf und trockenen Abgasen verhalten sich wie die Teildrücke. Der Teildruck des Wasserdampfes h_D mm Q.-S. ist bei voller Sättigung des Gemisches ($\varphi = 1$) durch die Temperatur bestimmt und wird mit $\mathfrak{h}$ bezeichnet. Ist das Gemisch mit Wasserdampf nicht gesättigt ($\varphi < 1$), so ist der Teildruck $h_D = \varphi \cdot \mathfrak{h}$ mm Q.-S. Wird der Gesamtdruck des Gemisches (der atmosphärische Druck) mit h bezeichnet, so ist der Teildruck der trockenen Abgase h_g:

$$h_g = h - \varphi \cdot \mathfrak{h} \text{ mm Q.-S.}$$

Die Zustandsgleichung für das trockene Abgas lautet dann, wenn die Drücke in mm Q.-S. angegeben werden:

$$(h - \varphi \cdot \mathfrak{h}) \cdot \frac{10000}{735{,}53} \cdot Q_f = G \cdot R_G \cdot T_g,$$

und für den Wasserdampf:

$$\varphi \cdot \mathfrak{h} \cdot \frac{10000}{735{,}53} \cdot Q_f = D_0 \cdot R_D \cdot T_g,$$

worin G kg das Gewicht der trockenen Abgase pro 1 Nm³ Heizgas, D_0 kg das Gewicht des bei Verbrennung von 1 Nm³ Heizgas entstehenden Verbrennungswassers, R_G und R_D die Gaskonstanten für trockenes Abgas und Dampf, ferner T_g die absolute Temperatur des Gemisches ist.

---

[1]) Der Taupunkt der Abgase wird nach neueren Erkenntnissen von dem Gehalt der Abgase an SO_2- und SO_3-Gasen in der Weise beeinflußt, daß die Kondensation des Wasserdampfes schon bei höheren Temperaturen erfolgt, als sich nach Zahlentafel 3 ergibt, der Taupunkt also dadurch heraufgesetzt wird.

Da die trockenen Abgase für sich ein Gemisch von Kohlensäure, Stickstoff und Luft darstellen, errechnet sich die Gaskonstante R_G nach der Gleichung

$$R_G = \frac{848}{\Sigma (r_i M_i)},$$

worin r_i die Raumanteile der Teilgase und M_i die zugehörigen Molekulargewichte sind, zu:

$$R_G = \frac{848}{28{,}95 + CO_2\left(0{,}1598 - \frac{0{,}93}{CO_{2\,max}}\right)}.$$

Ferner errechnet sich G zu:

$$G = Q_0 \cdot \frac{CO_{2\,max}}{CO_2} \cdot \gamma_{g_0} \text{ kg tr. Abgase/Nm}^3 \text{ Heizgas.}$$

Durch Einsetzen des in Gl. 17) angegebenen Wertes für γ_{g0} in vorstehende Gleichung und durch Zusammenziehen des Ausdrucks erhält man für G:

$$G = Q_0 \left\{ CO_{2\,max} \left(\frac{1{,}293}{CO_2} + 0{,}00713 \right) - 0{,}042 \right\} \text{ kg tr. Abgas/Nm}^3 \text{ Heizgas. Gl. 23)}$$

D_0 und R_D (= 47,06) sind Konstante, so daß der Wert für $\varphi \cdot \mathfrak{h} \cdot \frac{10000}{735{,}53} \cdot Q_f$ in die Zustandsgleichung der trockenen Abgase überführt werden kann, womit bei Einsetzung auch der Werte für R_G und G die Gleichung die Fassung bekommt:

$$Q_f = \frac{T_g}{h} \left[3{,}46 \cdot D_0 + \frac{62{,}4}{28{,}95 + CO_2\left(0{,}1598 - \frac{0{,}93}{CO_{2\,max}}\right)} \cdot Q_0 \left\{ CO_{2\,max} \left(\frac{1{,}293}{CO_2} + 0{,}00713 \right) - 0{,}042 \right\} \right] \quad \text{Gl. 24)}$$

m^3 feuchte Abgase/Nm^3 Heizgas.

Das feuchte Abgasvolumen bei beliebiger Temperatur T_g und beliebigem Gemischdruck h läßt sich auch in der Weise ausrechnen, daß man das Volumen Q_t der trockenen Abgase mit folgendem Faktor multipliziert:

$$Q_f = Q_t \cdot \frac{T_g}{273} \cdot \frac{760}{h - \mathfrak{h}} \text{ m}^3/\text{Nm}^3 \text{ Heizgas} \quad \text{Gl. 24a)}$$

Hierin ist:

h der Gemisch- (Gesamt-) Druck bzw. der barometrische Druck in mm Q.-S.;

$\mathfrak{h}$ die Spannung des Wasserdampfes in mm Q.-S. bei der Taupunktstemperatur des Abgases. Der Wert für $\mathfrak{h}$ kann aus der 2. Spalte der Zahlentafel 3 entnommen werden.

Die ausführliche Formel für Q_f lautet dann:

$$Q_f = Q_0 \cdot \frac{CO_{2\,max}}{CO_2} \cdot \frac{T_g}{h - \mathfrak{h}} \cdot 2{,}785 \text{ m}^3/\text{Nm}^3 \text{ Heizgas} \quad \text{Gl. 24b)}$$

Gl. 24b) ist im Aufbau einfacher als Gl. 24), jedoch hat Gl. 24b) den Nachteil, daß sie wegen des Wertes für $\mathfrak{h}$ nur unter Zuhilfenahme einer Zahlentafel wie Zahlentafel 3 ausgerechnet werden kann, während Gl. 24) als einzige Variable (außer natürlich T_g und h) nur die auch sonst immer vorkommende veränderliche Größe CO_2 hat und daher ohne Hilfstabelle immer direkt auszurechnen ist.

NB. Bei Angaben von Abgasgeschwindigkeiten m/s in Rohren usw. sollte zum Vergleich dieser Geschwindigkeiten auf einheitlicher Basis stets auch die Abgasgeschwindigkeit bei 100° C ($T_g = 373°$) Abgastemperatur angegeben werden.

c) Raumgewicht der feuchten Abgase.

Da in den feuchten Abgasen von 1 Nm³ Heizgas das Gewicht G kg der trockenen Abgase und das Gewicht D_0 kg des Wasserdampfes enthalten ist, beträgt das Raumgewicht γ_{gf} kg/m³ der feuchten Abgase:

$$\gamma_{gf} = \frac{G + D_0}{Q_f} \text{ kg/m}^3 \quad \ldots\ldots\ldots \quad \text{Gl. 25)}$$

In dieser Gleichung hat G den in Gl. 23), Q_f den in Gl. 24) angegebenen Wert.

d) Spezifische Wärme der feuchten Abgase.

Wegen der Veränderlichkeit der spez. Wärme mit der Temperatur gelten folgende Gleichungen für die spez. Wärmen der trokkenen und feuchten Abgase, ferner die weiter unten entwickelten Gleichungen für den Abgasverlust nur bei Abgastemperaturen bis etwa 350° C.

Bei der Berechnung des Wärmeinhaltes oder der Veränderung des Wärmeinhalts von feuchten Abgasen wird als Bezugseinheit vorteilhaft 1 Nm^3 trockenes Abgas mit dem entsprechenden Wasserdampfgehalt D kg/Nm^3 Abgas (also weder 1 kg noch 1 m^3 feuchtes Abgas) gewählt. Mit dieser Bezugseinheit wird im folgenden bei Wärmeinhaltsberechnungen immer gearbeitet.

Die spez. Wärme C_{pf} eines Nm^3 trockenen Abgases mit D kg Wasserdampfgehalt beträgt:

$$C_{pf} = C_p + D \cdot 0{,}46,$$

worin nach Gl. 19) bedeutet:

$$C_p = 0{,}311 + 0{,}00102 \cdot CO_2$$

die spez. Wärme pro 1 Nm^3 trockenes Abgas und nach Gl. 20):

$$D = \frac{D_0}{Q_0} \cdot \frac{CO_2}{CO_{2\,max}} \text{ kg Wasserdampf/Nm}^3 \text{ trockenes Abgas.}$$

Es ist daher:

$$C_{pf} = 0{,}311 + 0{,}00102 \cdot CO_2 + \frac{D_0}{Q_0} \cdot \frac{CO_2}{CO_{2\,max}} \cdot 0{,}46$$

oder:

$$C_{pf} = 0{,}311 + CO_2 \cdot \left(0{,}00102 + \frac{D_0}{Q_0} \cdot \frac{0{,}46}{CO_{2\,max}}\right) \quad . \text{ Gl. 26)}$$

Da D_0, Q_0, $CO_{2\,max}$ eines Heizgases als bekannt vorausgesetzt werden und CO_2% z. B. aus Versuchen sich ergeben habe, ist die spez. Wärme von 1 Nm^3 trockenem Abgas mit der entsprechenden Wasserdampfmenge durch vorstehende Gleichung bestimmt.

NB. Unter »entsprechender Wasserdampfmenge« ist die Wasserdampfmenge D kg in 1 Nm^3 trockenem Abgas zu verstehen, die sich aus den Verhältnissen bei der Verbrennung zwangläufig ergibt, also nicht beliebig annehmbar ist (vgl. Gl. 20): $D = \frac{D_0}{Q_0} \cdot \frac{CO_2}{CO_{2\,max}}$ kg/Nm^3 trockenes Abgas).

5. Wärmeinhalt der Abgase und Abgasverlust.

Als Bezugsmenge der Abgase, deren Wärmeinhalt berechnet werden soll, wird im folgenden stets die trockene Abgasmenge Q_t Nm^3

von 1 Nm^3 Heizgas gewählt, also weder 1 m^3 noch 1 kg trockener oder feuchter Abgase. Die Bezugsmenge Q_t Nm^3 ist deswegen vorteilhaft, weil man so in einfachster Weise den Abgasverlust berechnen kann und nur der Wärmeinhalt von Q_t Nm^3 trockenen Abgasen (evtl. unter Berücksichtigung des konstanten Wassergehaltes D_0 kg) praktisch gebraucht wird. Der Wärmeinhalt der Abgase wird stets auf die Temperatur t_l (Lufttemperatur) der Umgebung bezogen. Die Temperatur der Abgase wird mit t_g ° C und der Wärmeinhalt der pro 1 Nm^3 Heizgas gebildeten Abgase mit J kcal bezeichnet.

a) Wärmeinhalt der trockenen Abgase, Abgasverlust durch trockene Abgase.

Der Wärmeinhalt J_t der trockenen Abgase eines Nm^3 Heizgases ergibt sich ohne weiteres mit dem früher angegebenen Wert für die spez. Wärme C_p zu:

$$J_t = (t_g - t_l) \cdot C_p \cdot Q_t \text{ kcal/Nm}^3 \text{ Heizgas}$$

oder:

$$J_t = (t_g - t_l) \cdot (0{,}311 + 0{,}00102\ CO_2) \cdot Q_0 \cdot \frac{CO_{2\,max}}{CO_2}.$$

oder:

$$J_t = (t_g - t_l) \cdot \left(\frac{0{,}311}{CO_2} + 0{,}00102\right) \cdot Q_0 \cdot CO_{2\,max} \text{ kcal/Nm}^3 \text{ Heizgas} \quad \text{Gl. 27)}$$

Der Abgasverlust $\mathfrak{V}_u$ in % des unteren Heizwertes beträgt dann:

$$\mathfrak{V}_u = \frac{(t_g - t_l)}{H_u} \cdot \left(\frac{31{,}1}{CO_2} + 0{,}102\right) \cdot Q_0 \cdot CO_{2\,max}\ \% \quad . \quad \text{Gl. 28)}$$

Wird nur der Wärmeinhalt der trockenen Abgase bei der Abgasverlustberechnung berücksichtigt, so kommt nur der untere Heizwert des Heizgases als Bezugswert in Frage. Umgekehrt könnte bei Zugrundelegung des unteren Heizwertes auch nur der Wärmeinhalt der trockenen Abgase (evtl. die Überhitzungswärme des Wasserdampfes, vgl. unten) für den Abgasverlust berücksichtigt werden.

Dieser Fall hat jedoch praktisch keine Bedeutung, da trockene Abgase von Heizgasen nicht vorkommen.

b) Wärmeinhalt der feuchten Abgase, Abgasverlust durch feuchte Abgase.

Hierbei ist zu beachten, daß die Kondensationswärme des Wasserdampfes (die 595 kcal/kg Dampf bei 0° C beträgt) in den Abgasen bei der Berechnung des Wärmeinhaltes der Abgase berücksichtigt oder nicht berücksichtigt werden kann, je nachdem die Kondensationswärme als nutzbar oder nicht nutzbar angesehen wird. Die Überhitzungswärme des Wasserdampfes, die $0{,}46 \cdot (t_g - t_l)$ beträgt, ist aber in beiden Fällen zu berücksichtigen.

α) Ohne Berücksichtigung der Kondensationswärme des Wasserdampfes.

Der Wärmeinhalt J_f der feuchten Abgase errechnet sich zu:

$$J_f = J_t + D_0 \cdot 0{,}46 \cdot (t_g - t_l) \text{ kcal/Nm}^3 \text{ Heizgas}$$

oder:

$$J_f = (t_g - t_l) \left[\left(\frac{0{,}311}{CO_2} + 0{,}00102\right) \cdot Q_0 \cdot CO_{2\,max} + D_0 \cdot 0{,}46\right] \text{ kcal/Nm}^3 \text{ Heizgas} \quad \text{Gl. 29)}$$

Der Abgasverlust $\mathfrak{V}_u$ in % des unteren Heizwertes beträgt dann:

$$\mathfrak{V}_u = \frac{(t_g - t_l)}{H_u} \cdot \left[\left(\frac{31{,}1}{CO_2} + 0{,}102\right) \cdot Q_0 \cdot CO_{2\,max} + D_0 \cdot 46\right] \% \quad \text{Gl. 30)}$$

Wird zur Berechnung des Abgasverlustes der Wärmeinhalt der feuchten Abgase ohne Kondensationswärme des Wasserdampfes ins Verhältnis zum Heizwert des Heizgases gesetzt, so kommt hier nur der untere Heizwert in Frage. Umgekehrt ist bei Zugrundelegung des unteren Heizwertes nur der Wärmeinhalt der feuchten Abgase ohne Kondensationswärme des Wasserdampfes für den Abgasverlust zu berücksichtigen.

β) Mit Berücksichtigung der Kondensationswärme des Wasserdampfes.

Der Wärmeinhalt J_f der feuchten Abgase errechnet sich hierbei zu:

$$J_f = J_t + D_0 \cdot (0{,}46 \cdot (t_g - t_l) + 595) \quad \text{Gl. 30a)}$$

oder:

$$J_f = (t_g - t_l) \cdot \left[\left(\frac{0{,}311}{CO_2} + 0{,}00102\right) \cdot Q_0 \cdot CO_{2\,max} + D_0 \cdot 0{,}46\right] + D_0 \cdot 595 \text{ kcal/Nm}^3 \text{ Heizgas} \quad \text{Gl. 31)}$$

Der Abgasverlust $\mathfrak{V}_0$ in % des oberen Heizwertes beträgt dann:

$$\mathfrak{V}_0 = \frac{100}{H_0} \left\{(t_g - t_l) \cdot \left[\left(\frac{0{,}311}{CO_2} + 0{,}00102\right) \cdot Q_0 \cdot CO_{2\,max} + D_0 \cdot 0{,}46\right] + D_0 \cdot 595\right\} \% \quad \text{Gl. 32)}$$

Wird zur Berechnung des Abgasverlustes der Wärmeinhalt der feuchten Abgase einschließlich der Kondensationswärme des Wasserdampfes ins Verhältnis zum Heizwert des Gases gesetzt, so kommt hier nur der obere Heizwert in Frage. Umgekehrt ist bei Zugrundelegung des oberen Heizwertes nur der Wärmeinhalt der feuchten Abgase einschließlich Kondensationswärme des Wasserdampfes für den Abgasverlust zu berücksichtigen.

6. Berücksichtigung des Feuchtigkeitsgehaltes des Heizgases und der Verbrennungsluft.

Der Einfluß der Feuchtigkeit der Verbrennungsluft und des Heizgases auf die Höhe der Taupunktstemperatur t_k und des Abgasverlustes soll an einem Beispiel gezeigt werden.

Ein Mischgas von $H_0 = 4200$ kcal/Nm³ verbrauche zur Verbrennung von 1 Nm³ (ohne Luftüberschuß) $L_0 = 3{,}8$ Nm³ Luft und erzeuge $Q_0 = 3{,}6$ Nm³ trockene Abgase mit 13,9% $CO_{2\,max}$ und $D_0 = 0{,}725$ kg Verbrennungswasser.

Wie groß ist die Taupunktstemperatur t_k und der Abgasverlust $\mathfrak{V}_0$ bei einem CO_2-Gehalt der Abgase von 9,5%, einer Abgastemperatur t_g von 150° C, bei einer Raumtemperatur von 20° C,

a) wenn Heizgas und Verbrennungsluft trocken angenommen werden,

b) wenn Heizgas bei 10° C und die Luft bei 15° C voll gesättigt angenommen werden.

Zu a): die Taupunktstemperatur ergibt sich nach Gl. 21):

$$t_k = 125\,\frac{D_0}{Q_0}\cdot\frac{CO_0}{CO_{2\,max}} + 36 = 125\,\frac{0{,}725}{3{,}6}\cdot\frac{9{,}5}{13{,}9} + 36 = 53{,}2^0\,C$$

(nach Diagr. Abb. 2 bzw. Zahlentafel 3 zu 54° C).

Der Abgasverlust errechnet sich nach Gl. 32) zu:

$$\mathfrak{V}_0 = \frac{100}{4200}\left\{(150-20)\left[\left(\frac{0{,}311}{9{,}5} + 0{,}00102\right)3{,}6\cdot 13{,}9 + 0{,}725\cdot 0{,}46\right] + \right.$$

$$\left. + 0{,}725\cdot 595\right\} = 16{,}5\,\% \text{ (bezogen auf } H_0\text{)}.$$

Zu b): der Wassergehalt der Abgase pro 1 Nm³ Heizgas beträgt:

1. Verbrennungswasser	0,725	kg
2. Wassergehalt des Heizgases	0,00984	»
3. Wassergehalt der Verbrennungsluft . . .	0,077	»
	0,812	kg.

In die Gleichungen für t_k (Gl. 21) und $\mathfrak{B}$ (Gl. 32) ist für D_0 jetzt der Wert 0,812 einzusetzen; dann ergibt sich:

$t_k = 55{,}3$ (nach Diagramm Abb. 2 bzw. Zahlentafel 3 zu 56° C)

und $\mathfrak{B}_0$ zu:

$$\mathfrak{B}_0 = \frac{100}{4200}\left\{(150-20)\cdot\left[\left(\frac{0{,}311}{9{,}5}+0{,}00102\right)3{,}6\cdot 13{,}9+0{,}812\cdot 0{,}46\right]+\right.$$
$$\left.+\,0{,}725\cdot 595\right\} = 16{,}6\,\%.$$

Bei der letzten Gleichung ist zu beachten, daß die Kondensationswärme pro kg Wasserdampf (= 595 kcal) nicht mit 0,812 kg, sondern nur mit 0,725 kg, der eigentlichen Verbrennungswassermenge, multipliziert wird.

Man sieht aus den beiden Beispielen, daß sich der Abgasverlust unmerklich verändert, daß der Unterschied in der Taupunktstemperatur (54° C gegen 56° C) gelegentlich beachtet werden muß. Aber der Einfluß der Luft- und Heizgasfeuchtigkeit ist nicht groß.

Gleichzeitig sieht man aus den Beispielen, in wie einfacher Weise sich die entwickelten Gleichungen auch bei abweichenden Verhältnissen (z. B. auch bei Schwitzwasserbildung in den Geräten) benutzen lassen.

7. Aufstellung von Abgasdiagrammen.[1]

Der auf 0° C bezogene Wärmeinhalt J kcal eines Nm^3 trockenen Abgases, welches die entsprechende Wasserdampfmenge D kg enthält, errechnet sich bei der Temperatur t^0 C unter Verwendung der Gl. 26) zu:

$$J = t\left[0{,}311 + CO_2\left(0{,}00102 + \frac{D_0}{Q_0}\cdot\frac{0{,}46}{CO_{2\,max}}\right)\right] + \frac{D_0}{Q_0}\cdot\frac{CO_2}{CO_{2\,max}}\cdot 595 \text{ kcal}$$

oder:

$$J = t\cdot 0{,}311 + CO_2\left\{0{,}00102\cdot t + \frac{D_0}{Q_0}\cdot\frac{0{,}46\cdot t + 595}{CO_{2\,max}}\right\}\text{kcal} \quad . \; . \; . \quad \text{Gl. 33)}$$

[1]) Vergl. GWF 1930; Heft 21; Seite 494.

Diese Gleichung für den Wärmeinhalt J, welche als Veränderliche J, t und CO_2 enthält, läßt sich zu einem Abgasdiagramm Abb. 3 verwerten mit den Koordinaten CO_2 als Abszisse und J als Ordinate.

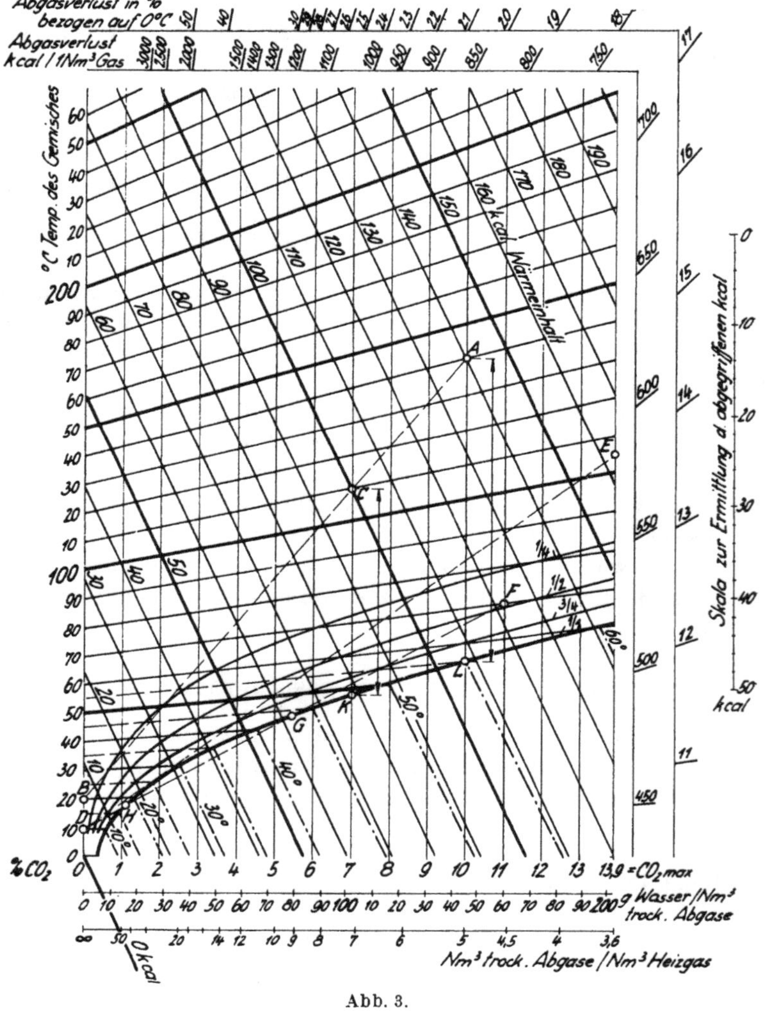

Abb. 3.

Das Abgasdiagramm ist analog dem Mollier'schen i-x-Diagramm für Dampfluftgemische aufgebaut. Für das Abgasdiagramm werden zweckmäßig — in gleicher Weise wie beim i-x-Diagramm — schiefwinklige Koordinaten genommen, damit ein übersichtliches Diagramm entsteht.

Damit der Aufbau des Diagrammes klarer darzustellen ist, soll im folgenden auf ein bestimmtes Heizgas Bezug genommen werden, welches beispielsweise einen oberen Heizwert $H_0 = 4200$ kcal/Nm³ habe und bei Verbrennung von 1 Nm³ (ohne Luftüberschuß) eine trockene Abgasmenge $Q_0 = 3{,}60$ Nm³ mit $CO_{2\,max} = 13{,}9\%$ Kohlensäure und $100 - 13{,}9 = 86{,}1\%$ Stickstoff, ferner eine Verbrennungswassermenge $D_0 = 0{,}725$ kg erzeuge.

Bei Einsetzung dieser konstanten Werte in Gl. 33) lautet diese für diesen bestimmten Fall:

$$J = 0{,}311 \cdot t + CO_2 \left(0{,}00768 \cdot t + 8{,}62\right) \text{ kcal/Nm}^3 \text{ trock. Abgas } + \text{ entsprechende Wasserdampfmenge} \quad \text{Gl. 34)}$$

Außerdem ergeben sich bei dem genannten Heizgas noch folgende Gleichungen:

$$D = 0{,}0145 \cdot CO_2 \text{ kg Wasser/Nm}^3 \text{ trockenes Abgas} \quad \text{Gl. 35)}$$

(Aus Gl. 20) entstanden).

$$\mathfrak{B}_0 = 50 \cdot \frac{J}{CO_2} = \left(\frac{15{,}55}{CO_2} + 0{,}384\right) \cdot t + 431 \text{ kcal/Nm}^3 \text{ Heizgas} \quad \text{Gl. 36)}$$

oder:

$$\mathfrak{B}_0 = 1{,}191 \frac{J}{CO_2} = \left(\frac{0{,}3705}{CO_2} + 0{,}00914\right) \cdot t + 10{,}27\,\% \quad \text{Gl. 37)}$$

(Aus Gl. 31) bzw. 32) entstanden.)

$$Q_f = T \cdot \left[\frac{\frac{5{,}31}{CO_2} + 0{,}01687}{28{,}95 + 0{,}0929\,CO_2} + 0{,}003304\right] \text{m}^3 \text{ feuchte Abgase /Nm}^3 \text{ Heizgas, wenn } h = 760 \text{ mm Q.-S. ist} \quad \text{Gl. 38)}$$

(Aus Gl. 24) entstanden.)

Linien konstanter Abgastemperatur (Isothermen) ergeben im Diagramm entsprechend dem Aufbau der Wärmeinhaltsgleichung (Gl. 34) Gerade. Macht man die Voraussetzung, daß die durch den Koordinatenanfangspunkt verlaufende Gerade für die Abgastemperatur 0° C parallel zur CO_2-Achse liegt, so ergeben sich die Werte für die Schnittpunkte der J- und CO_2-Koordinaten auf der 0-Isotherme aus der Gleichung für J bei $t = 0$ zu

$$J = CO_2 \cdot 8{,}62.$$

Das Abgasdiagramm Abb. 3 basiert auf den Werten eines Nm^3 trockenen Abgases. Die in das Diagramm einzuzeichnende Taupunktskurve wird in der Weise bestimmt, daß aus der Gl. 35)

$$D = 0{,}0145\ CO_2\ kg/Nm^3$$

die Feuchtigkeitsmenge errechnet und zu der errechneten Feuchtigkeitsmenge aus Zahlentafel 3 die jeweilige Taupunktstemperatur gesucht wird. Die Schnittpunkte der CO_2-Geraden mit den entsprechenden Taupunktstemperaturgeraden sind Punkte der Taupunktskurve.

Außer der Taupunktskurve, durch welche also diejenigen Zustände des Abgases charakterisiert sind, bei denen das Abgas voll gesättigt ist (Sättigungsgrad = $^1/_1$), lassen sich Kurven vom Sättigungsgrad $^1/_4$, $^1/_2$, $^3/_4$ usw. leicht einzeichnen.

Die oben angeführte Gl. 34) für J gilt nur für vollgesättigtes oder ungesättigtes Abgas, also nur im Gebiet oberhalb der Taupunktskurve, nicht aber im Gebiet unterhalb der Taupunktskurve (Nebelgebiet). Im Nebelgebiet besteht das Gemisch aus trockenen Abgasen, aus Wasserdampf und außerdem aus flüssigem Wasser. Der Wärmeinhalt dieses Gemisches setzt sich zusammen aus dem Wärmeinhalt J^* des voll gesättigten Abgases und aus dem Wärmeinhalt J_w des beigemischten flüssigen Wassers. Es ist hierbei angenommen, daß das Wasser in Nebelform gleichmäßig den gesättigten Abgasen beigemischt ist.

$$J = J^* + J_w.$$

Der Wärmeinhalt J^* des gesättigten Abgases beträgt:

$$J^* = 0{,}311 \cdot t + CO_2^* \, (0{,}00768 \cdot t + 8{,}62),$$

wobei CO_2^* den Kohlensäuregehalt des gesättigten Abgases bedeutet, der gegeben ist durch den Schnittpunkt einer Isotherme mit der Taupunktskurve. Der Wasserdampfgehalt des Abgases bei voller Sättigung ist durch die Gleichung bestimmt:

$$D^* = 0{,}0145\ CO_2^*.$$

Im Nebelgebiet ist der Wassergehalt D_n größer als D^*. Die Differenz $(D_n - D^*)$ kg ist die Menge des beigemischten flüssigen Wassers, das einen Wärmeinhalt hat von:

$$J_w = (D_n - D^*) \cdot t.$$

Da $D_n = 0{,}0145 \cdot CO_2$ ist (CO_2 ist natürlich größer als CO_2^*), so ist

$$J_w = 0{,}0145\,(CO_2 - CO_2^*) \cdot t.$$

Der Gesamtwärmeinhalt der Abgase im Nebelgebiet ist daher:

$$J = J^* + 0{,}0145\,(CO_2 - CO_2^*) \cdot t$$

$$J = (0{,}311 + 0{,}0145\,CO_2) \cdot t + CO_2^*\,(8{,}62 - 0{,}00682 \cdot t) \quad \text{Gl. 39)}$$

Der Verlauf der Isothermen im Nebelgebiet ist hierdurch bestimmt (vgl. Diagramm Abb. 3).

Wird aber angenommen, daß bei Abkühlung des Abgases unter die Taupunktstemperatur die überschüssige Wassermenge gänzlich ausfällt, so ändert sich das Diagramm im Gebiet unter der Taupunktskurve und nimmt die Form der Abb. 4 an. Der Wärmeinhalt des Abgases unter der Taupunktskurve ist dann:

$$J = (0{,}311 + CO_2 \cdot 0{,}00102) \cdot t + W\,(0{,}46 \cdot t + 595)\,. \quad \text{Gl. 40)}$$

Hierin ist W die Wasserdampfmenge in kg, die 1 Nm^3 trockenes Abgas bei der Temperatur t^0 C hat, wenn es vollständig gesättigt ist. Der Wert W ist aus der Zahlentafel 3 zu entnehmen. Im Diagramm Abb. 4 ist im Gebiet unter der Taupunktskurve die Lage der Iso-

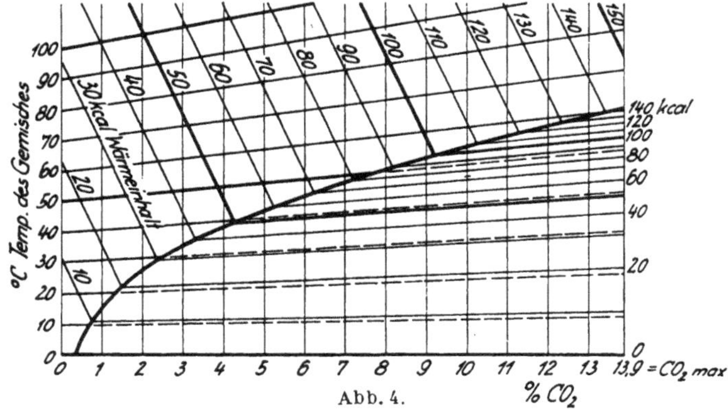

Abb. 4.

thermen einfach durch geradlinige Verlängerung der Isothermen aus dem ungesättigten Gebiet entstanden. Die Kurven konstanten Wärmeinhalts laufen mit den Isothermen parallel.

Bei der Abkühlung von Abgasen in Abgasrohren werden sich die Verhältnisse unterhalb der Taupunktskurve weder genau nach Abb. 3 noch nach Abb. 4 entwickeln, sondern die Abgase werden Verbrennungswasser teilweise in flüssiger Form abscheiden, teilweise in Nebelform mit forttragen.

Der Abgasverlust $\mathfrak{V}$ bei Verbrennung von 1 Nm³ Heizgas betrug nach Gl. 36) bzw. 37):

$$\mathfrak{V}_0 = 50 \cdot \frac{J}{CO_2} \text{ kcal/Nm}^3 \text{ Heizgas}$$

bzw.

$$\mathfrak{V}_0 = 1{,}191 \cdot \frac{J}{CO_2} \,\%.$$

Linien konstanten Abgasverlustes sind daher im J-CO_2-Diagramm Gerade, die durch den Koordinatenanfangspunkt gehen und sich strahlenförmig über das Diagramm ausbreiten. In Abb. 3 sind diese Geraden nur am Rande angedeutet, während sie in Abb. 5 ausgezogen sind; dafür ist aber in Abb. 5 das J-Netz fortgelassen. Bei Abgasfragen interessiert weniger der Wärmeinhalt eines Nm³ trokkenen Abgases mit der entsprechenden Wasserdampfmenge, als vielmehr der der gesamten Abgasmenge bei Verbrennung von 1 Nm³ Heizgas, weshalb der Gebrauch des Diagramms Abb. 5 bei Abgasfragen vorteilhafter ist. Jedoch ist zur Entwicklung des Diagramms Abb. 5 die Kenntnis des Diagramms Abb. 3 nicht zu entbehren.

Wenn bei Unterschreitung der Taupunktskurve das »überschüssige« Wasser $(D_n - D^*)$ kg in Nebelform den Abgasen beigemischt bleibt, verlaufen die $\mathfrak{V}$-Strahlen auch im Nebelgebiet geradlinig zum Nullpunkt. Fällt jedoch das Wasser $(D_n - D^*)$ gänzlich aus, so gilt im Gebiet unter der Taupunktskurve die Gleichung:

$$\mathfrak{V}_0 = Q_0 \cdot \frac{CO_{2\,max}}{CO_2} \left[(0{,}311 + CO_2 \cdot 0{,}00102) \cdot t + W\,(0{,}46 \cdot t + 595)\right] \text{ kcal/Nm}^3 \text{ Heizgas} \quad . \ . \ \text{Gl. 41)}$$

und mit den Werten des genannten Heizgases:

$$\mathfrak{V}_0 = \frac{50}{CO_2} \left\{(0{,}311 + CO_2 \cdot 0{,}00102)\, t + W\,(0{,}46 \cdot t + 595)\right\} \text{ kcal/Nm}^3 \text{ Heizgas} \quad . \ . \ \text{Gl. 42)}$$

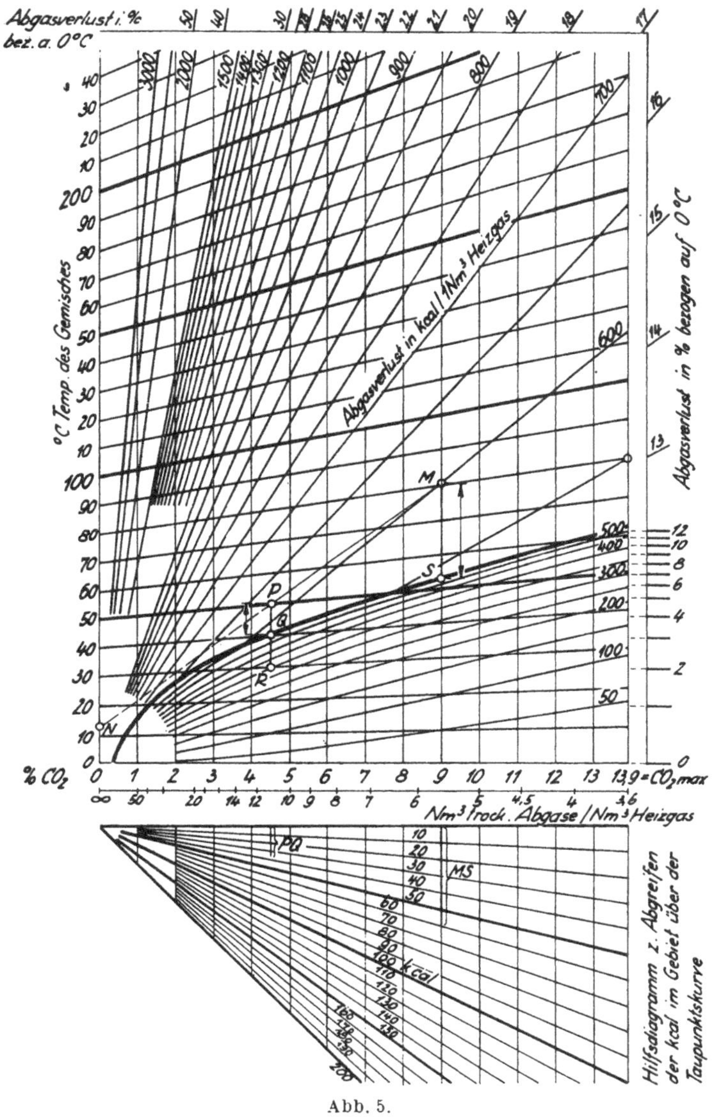
Abgasverlust i. %
bez. a. 0°C
°C Temp. des Gemisches
Abgasverlust in kcal / 1 Nm³ Heizgas
Abgasverlust in % bezogen auf 0°C
% CO₂
13,9 = CO₂max
Nm³ trock. Abgase / Nm³ Heizgas
PQ
MS
kcal
Hilfsdiagramm z. Abgreifen der kcal im Gebiet über der Taupunktskurve

Abb. 5.

Die Linien konstanten Abgasverlustes, die nach dieser Gleichung berechnet sind, verlaufen nach der in Abb. 5 eingezeichneten Richtung.

Beim Gaskalorimeter, ferner in den Abgasleitungen und auch in manchen Gasgeräten fällt das »überschüssige« Wasser größtenteils aus, bleibt also nicht als Nebel im Abgas, weshalb die Ausbildung des Abgasdiagramms im Gebiet unter der Taupunktskurve nach Abb. 5 den tatsächlichen Verhältnissen wohl am besten entspricht.

Bei den hier wiedergegebenen Abgasdiagrammen fällt der Nullpunkt der CO_2- und J-Koordinaten mit dem Temperatur-Nullpunkt zusammen. Das ist jedoch nicht notwendig. Da die Abgasverluste auf die Temperatur der Umgebung bezogen werden, wird man für praktische Fälle vielfach den Koordinatenanfangspunkt auf die durchschnittliche Temperatur der Umgebung verlegen.

Die Verwendungsmöglichkeit der Diagramme ist recht vielseitig:

Bei einem beliebigen CO_2-Gehalt der Abgase und einer beliebigen Abgastemperatur läßt sich aus Diagramm Abb. 3

1. der Wärmeinhalt J des Gemisches von 1 Nm³ trockenen Abgasen mit dem entsprechenden Wasserdampfgehalt, ferner der Abgasverlust $\mathfrak{V}$ in kcal (bezogen auf 1 Nm³ Heizgas) und in % feststellen
   (Punkt A: Gegeben $CO_2 = 10\%$, $t = 140^0$ C,
   Gefunden $J = 140$ kcal, $\mathfrak{V} = 700$ kcal $= 16\frac{2}{3}\%$),
2. die Lage des Punktes zur Taupunktskurve erkennen und die Anzahl kcal abgreifen, die das Abgas in der Abgasleitung abgeben kann, ohne daß Wasserausscheidung eintritt.

(Strecke AL wird mittels Zirkel auf die dem Diagramm beigefügte Skala übertragen und dort der Wert 33 kcal/Nm³ trockenes Abgas + entspr. Wasserdampfmenge ermittelt.)

Auch Mischungsvorgänge von Abgasen mit Luft können im Diagramm verfolgt werden:

Wird 1 Nm³ (ursprüngliches) trockenes Abgas von $CO_2\%$ Kohlensäuregehalt mit L Nm³ trockener Luft gemischt, so entsteht ein Gemisch $(1 + L)$ Nm³ vom Kohlensäuregehalt CO_{2m} nach der Gleichung:

$$(1 + L) \cdot CO_{2m} = 1 \cdot CO_2,$$

woraus folgt, daß der Gehalt des Gemisches an Zusatzluft

$$L = \left(1 - \frac{CO_{2m}}{CO_2}\right) \cdot 100\%$$

und der Gehalt an ursprünglichem Abgas

$$\frac{CO_{2m}}{CO_2} \cdot 100\%$$

beträgt.

Bezeichnet J den Wärmeinhalt von 1 Nm³ ursprünglichem Abgas mit der entsprechenden Verbrennungswasserdampfmenge, ferner J_L den Wärmeinhalt von 1 Nm³ Luft, so errechnet sich bei Zusatz von L Nm³ Luft der Wärmeinhalt J_m der Mischung nach der Gleichung:

$$J_m = \frac{J + L \cdot J_L}{1 + L} \text{ kcal/Nm}^3 \text{ tr. Gemisch + entspr. Wasserdampfmenge.}$$

Da

$$L = \left(\frac{CO_2}{CO_{2m}} - 1\right) \text{Nm}^3$$

nach obiger Gleichung ist, kann für J_m geschrieben werden:

$$J_m = J \frac{CO_{2m}}{CO_2} + \left(1 - \frac{CO_{2m}}{CO_2}\right) J_L \quad . \; . \; . \; . \quad \text{Gl. 43)}$$

Diese Gleichung sagt, daß J_m, also der Wärmeinhalt von 1 Nm³ trockenen Gemisches mit der entsprechenden Wasserdampfmenge $D_m = 0{,}0145\ CO_{2m}$ kg auf der geradlinigen Verbindung zwischen den beiden Punkten liegt. Ist in vorstehender Gleichung $CO_{2m} = CO_2$, so ist $J_m = J$ und $L = 0$, ist ferner $CO_{2m} = 0$, so ist $J_m = J_L$ und $L = \infty$.

Ist ein Abgas vom Zustand und von der Zusammensetzung nach Punkt A der Abb. 3 gegeben und wird zu diesem Abgas Luft vom Zustand Punkt B gemischt, so liegen sämtliche Zwischenzustände auf der Verbindungslinie AB. Bei der Abführung von Abgasen aus Gasfeuerstätten ist oft die Aufgabe gestellt, aus dem CO_2-Gehalt und der Temperatur der Abgase vor dem Zugunterbrecher die Zustandsänderungen des Abgases nach dem Unterbrecher bei Zumischung von Kaltluft zu beurteilen. Diese Aufgabe löst das Diagramm schnell und einfach.

Durch Zumischung von Kaltluft zu den Abgasen nähert sich das Gemisch der Taupunktskurve. Solange die Verbindungslinie nicht die Taupunktskurve schneidet, tritt durch die reine Mischung keine Wasserausscheidung ein. Bei gegebener Lufttemperatur (Punkt *D*) lassen sich durch Ziehen der Tangente (*DE*) von diesem Punkt (*D*) an die Taupunktskurve die verschiedenen Zustände des Abgases einteilen in solche, die bei Mischung mit der Luft kein Wasser ausscheiden — Gebiet oberhalb der Tangente — und in solche, bei denen durch Mischung mit Luft Kondensation eintritt — Gebiet unterhalb der Tangente. Auch die Menge der zuzusetzenden Luft, die notwendig ist, um eine Ausscheidung von Feuchtigkeit zu bewirken, ist aus dem Diagramm leicht feststellbar. Wird beispielsweise ursprüngliches Abgas vom Zustand *F* (11% CO_2, 70° C) mit Luft vom Zustand *D* (10° C) gemischt, so beginnt bei Punkt *G* (5,4% CO_2) die Kondensation, die bei weiterem Luftzusatz bei Punkt *H* (1,1% CO_2) wieder aufhört. Die Kondensatausscheidung tritt also ein, wenn das Gemisch über einen Luftzusatz von

$$L = \left(1 - \frac{5,4}{11}\right) 100 = 51\,\%$$

hinausgeht, und hört wieder auf, wenn der Luftzusatz des Gemisches über

$$L = \left(1 - \frac{1,1}{11}\right) \cdot 100 = 90\,\%$$

gesteigert wird. Im Diagramm ist die Strecke $GF = 51\%$, ferner Strecke $HF = 90\%$ der Strecke $DF = 100\%$. Die Werte sind also auch graphisch aus dem Diagramm bestimmbar.

Zur Orientierung über die bei Verbrennung von 1 Nm³ Heizgas erzeugte trockene Abgasmenge in Nm³ und über den Wasserdampfgehalt des trockenen Abgases in g/Nm³ in Abhängigkeit vom CO_2 Gehalt sind am unteren Teil des Diagramms Abb. 3 die entsprechen den Skalen eingezeichnet.

Die Verwendungsmöglichkeit des Diagramms Abb. 5 ist die gleiche, wie bei Abb. 3, nur sind hier die Werte für die praktische Beurteilung noch bequemer, da sich alles auf 1 Nm³ Heizgas bezieht. Entweichen beispielsweise die Abgase aus einem Gerät mit 9% CO_2 und 80° C (Punkt *M*, Abb. 5), so beträgt der Abgasverlust 600 kcal (bezogen auf 1 Nm³ Heizgas) oder 14,3% (nach dem Randmaßstab). Bis zum Eintritt der Kondensation (Punkt S) könnte das Abgas noch 59 kcal (= ~10%) Wärme verlieren (wie durch Abmessen der Strecke MS im unteren Hilfsdiagramm ohne weiteres feststellbar ist) — Wärmeverlust bei konstantem CO_2-Gehalt. Wenn es mit trockener Luft von 15° C (Punkt N) gemischt wird, so daß z. B. der CO_2-Gehalt der Mischung auf $CO_{2m} = 4{,}5\%$ sinkt (Punkt P), steigt der Wärmeinhalt des Gemisches auf 626 kcal, fällt die Temperatur auf 50° C, ist das Volumen des trockenen Gemisches von 5,56 auf 11,1 Nm³ angewachsen (nach der unteren Volumenskala), kann der Wärmeverlust des Gemisches bis zur Erreichung des Taupunktes (Punkt Q ~ 41° C) 38 kcal betragen, hat das Gemisch bei weiterer Abkühlung unter die Taupunktskurve bei 30° C (Punkt R) noch 350 kcal Wärmeinhalt, und verliert auf der Strecke QR an Wasser D_v kg (wenn letzteres gänzlich ausgeschieden wird):

$$D_v = 0{,}0145\,(CO^*_{2Q} - CO^*_{2R}) \cdot \frac{Q_0 \cdot CO_{2\,max}}{CO^*_{2Q}} \quad . \; . \; . \quad \text{Gl. 44)}$$

$$= 0{,}0145\,(4{,}5 - 2{,}4) \cdot \frac{50}{4{,}5} = 0{,}34 \text{ kg.}$$

Zur Vervollständigung des Diagramms Abb. 5 wären noch die Linien konstanter feuchter Abgasmenge aufzunehmen. Diese Linien würden zweckmäßig farbig eingetragen. Da es hier nicht möglich ist, ist das Abgas-Diagramm unter Fortlassung der $\mathfrak{V}$-Linien mit Einzeichnung der Q_f-Linien in Abb. 6 wiedergegeben. Wie daraus ersichtlich ist, breiten sich die Q_f-Linien oberhalb der Taupunktskurve strahlenförmig und geradlinig über das Netz aus. Für h ist 760 mm Q.-S. gewählt. Die eingezeichnete Zustandsänderung (Mischvorgang) vom Punkt M über P—Q nach R (die gleiche wie auf Abb. 5) läßt die Veränderung des feuchten Abgasvolumens deutlich erkennen.

Im Gebiet unterhalb der Taupunktskurve ist wieder angenommen, daß das Abgas nur gesättigt, also nicht übersättigt ist. Die Gleichung für Q_f lautet hier:

$$Q_f = Q_0 \cdot \frac{CO_{2\,max}}{CO_2} \cdot \frac{h}{h - \mathfrak{h}} \cdot \frac{T}{273} \text{ m}^3 \text{ feuchte Abgase/Nm}^3 \text{ Heizgas Gl. 45)}$$

Die angegebenen Beispiele mögen genügen, um die vielseitige Verwendbarkeit des Diagramms bei der Lösung von Aufgaben aus dem Abgasgebiet zu zeigen. Bei einigem Geschick für Ausnutzung von graphischen Darstellungen lassen sich mit dem Abgasdiagramm auch die Zustandsänderungen bei Mischung von feuchter Luft mit Abgasen verfolgen. Das Abgasdiagramm verschafft den bei der Bearbeitung von Abgasfragen notwendigen Abstand und Überblick, den man bei der Anwendung von rechnerischen Methoden nur schwerlich gewinnen kann. Auch die Kernfrage, ob die Zumischung

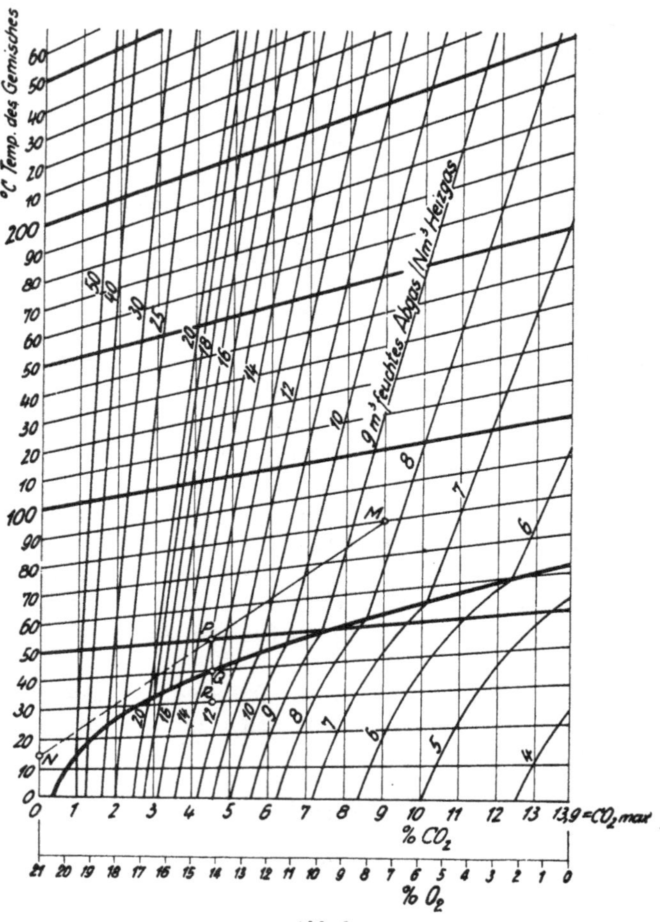

Abb. 6.

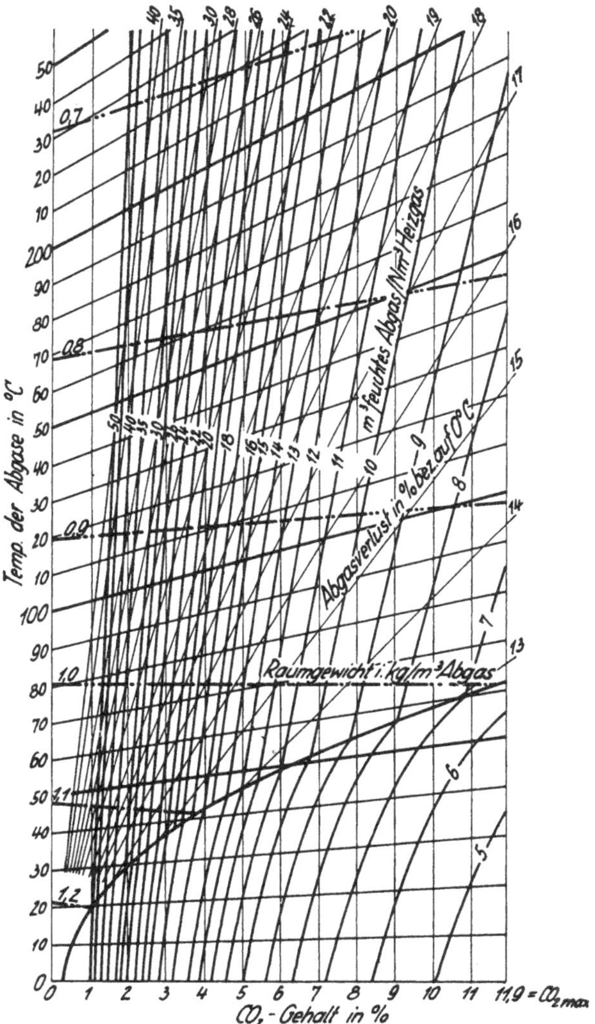

Abb. 7. Kohlengas von 5000 kcal/Nm³.

von Kaltluft zu den Abgasen zur Vermeidung von Kondenswasserbildung in Abgasleitungen allgemein anzustreben und zu befürworten ist, läßt sich leichter entscheiden. Das Abgasdiagramm wird

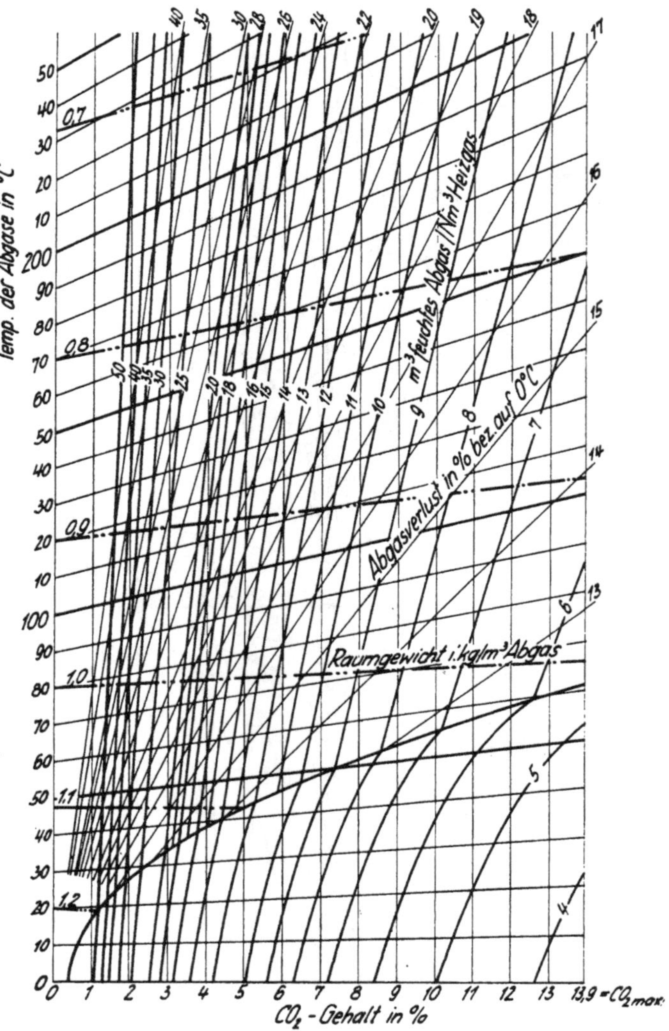

Abb. 8. Mischgas von 4200 kcal/Nm³.

zu diesem Zweck für die verschiedenen Gasarten aufgestellt und die verschiedenen Zustandsänderungen (Mischung mit Kaltluft bei Änderung des CO_2-Gehaltes mit nachträglicher Abkühlung des Gemisches bei konstantem CO_2-Gehalt) werden auf den Diagrammen miteinander verglichen.

Die Abb. 7, 8 und 9 geben die vorstehend entwickelten Abgasdiagramme für Steinkohlengas ($H_0 = 5000$ kcal/Nm³), für Mischgas (4200 kcal/Nm³) und für Wassergas (2650 kcal/Nm³) in einer Form wieder, die unter Fortlassung alles Unwesentlichen für den praktischen Gebrauch wohl am geeignetsten ist. In den Diagrammen Abb. 7, 8

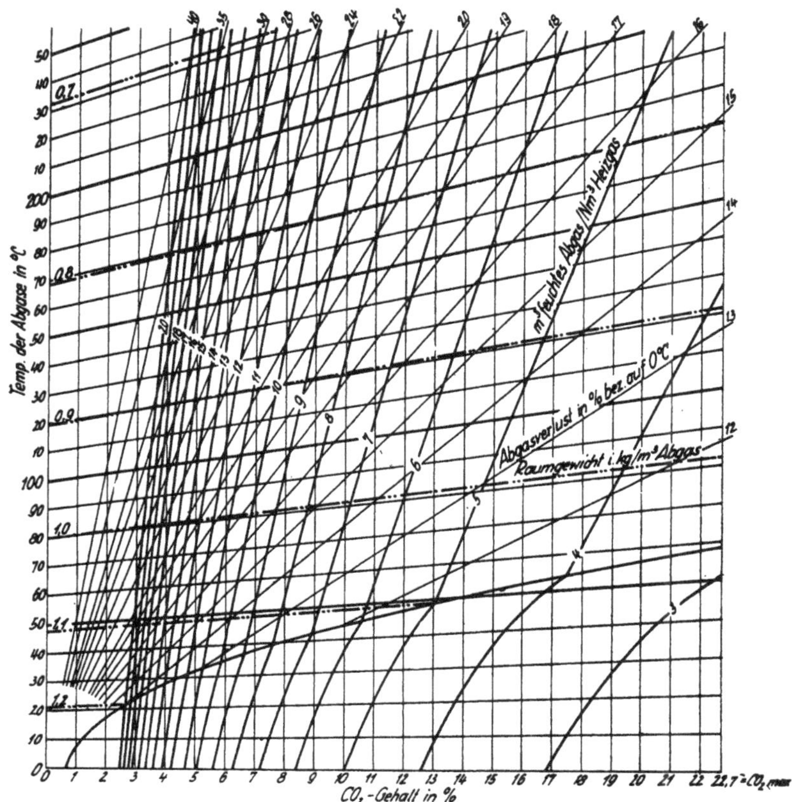

Abb. 9. Wassergas von 2650 kcal/Nm³.

und 9 sind noch die Linien konstanten Raumgewichtes aufgenommen, um bei der Beurteilung des Einflusses, welchen z. B. Mischung der Abgase mit Kaltluft oder Abkühlung der Abgase in der Abgasleitung auf den Auftrieb der Abgase ausüben, sich auch in dieser Hinsicht vorteilhaft des Diagrammes bedienen zu können.

Abb. 10 zeigt die Zusammenhänge von Kohlensäuregehalt und Luftüberschuß bei Heizgasen, die durch Mischung von Steinkohlengas mit Wassergas entstanden sind, und zwar enthält das Diagramm alle

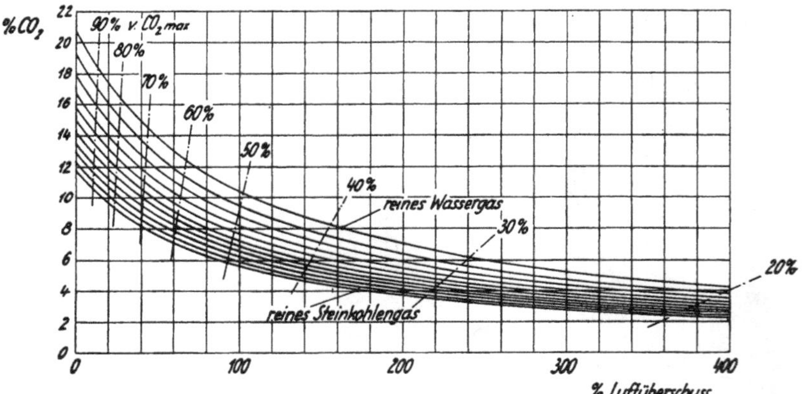

Abb. 10. Abhängigkeit des CO_2-Gehaltes der Abgase vom Luftüberschuß bei verschiedenem Mischgas.

Mischungen (von 10 zu 10%) vom reinen Steinkohlengas bis zum reinen Wassergas. Bei Luftüberschuß Null sind die $CO_{2\,max}$-Werte der verschiedenen Gasmischungen auf der CO_2-Skala abzulesen. Da es oft von Interesse ist zu wissen, wie der CO_2-Gehalt der Abgase und der Luftüberschuß sich bei den verschiedenen Gasmischungen zu $CO_{2\,max}$ verhalten, sind im Diagramm noch Linien eingetragen, welche solche Punkte miteinander verbinden, deren Verhältnis zum jeweiligen $CO_{2\,max}$ gleich groß ist, also Linien von 90, 80, 70 . . . usw. % vom $CO_{2\,max}$-Wert. Wie aus der Abb. 10 ersichtlich, weichen die prozentualen $CO_{2\,max}$-Linien um so mehr von der Richtung der Geraden konstanten Luftüberschusses ab, je größer der Luftüberschuß wird.

8. Zusammenfassung der Formeln.

Der theoretische Verbrennungsluftbedarf:

$$L_0 = 2{,}381\,(CO' + H_2') + 9{,}52\,CH_4' + 14{,}28\,C_2H_4' + 35{,}7\,C_6H_6' - 4{,}76\,O_2'$$

Nm³ Luft/Nm³ Heizgas . . Gl. 1)

Die trockene Abgasmenge bei Verbrennung ohne Luftüberschuß:

$$Q_0 = CO_2' + CO' + CH_4' + 2\,C_2H_4' + 6\,C_6H_6' + N_2' + 0{,}79\,L_0$$

Nm³ trockene Abgase/Nm³ Heizgas

oder:

$$Q_0 = CO_2' + 2{,}88\,CO' + 8{,}52\,CH_4' + 13{,}28\,C_2H_4' + 34{,}22\,C_6H_6' + 1{,}88\,H_2' + N_2' - 3{,}76\,O_2'$$

Nm³ trockene Abgase/Nm³ Heizgas . . Gl. 2)

Der maximale Kohlensäuregehalt:

$$CO_{2\,max} = \frac{CO_2' + CO' + CH_4' + 2\,C_2H_4' + 6\,C_6H_6'}{Q_0}\,100\,\% \quad . \; . \;\; \text{Gl. 3)}$$

Die Verbrennungswassermenge:

$$D_0 = 0{,}804\,H_2' + 1{,}608\,(CH_4' + C_2H_4') + 2{,}412\,C_6H_6'$$

kg Wasser/Nm³ Heizgas . . Gl. 4)

Oberer Heizwert H_0:

$$H_0 = 3034\,CO' + 3052\,H_2' + 9527\,CH_4' + 14903\,C_2H_4' + 34423\,C_6H_6'$$

kcal/Nm³ Heizgas . . Gl. 5)

Unterer Heizwert H_u:

$$H_u = 3034\,CO' + 2570\,H_2' + 8562\,CH_4' + 13939\,C_2H_4' + 32978\,C_6H_6'$$

kcal/Nm³ Heizgas . . Gl. 6)

Die mit dem Kalorimeter festgestellten Heizwerte sind jedoch die maßgebenden.

Sind noch weitere brennbare Einzelgase als die erwähnten im Heizgas, so sind diese entsprechend zu berücksichtigen.

Die trockene Abgasmenge Q_t Nm³ bei Verbrennung eines Nm³ Heizgases mit Luftüberschuß:

$$Q_t = Q_0 \cdot \frac{CO_{2\,max}}{CO_2} \; \text{Nm}^3 \text{ tr. Abgase/Nm}^3 \text{ Heizgas} \quad . \; . \;\; \text{Gl. 7)}$$

Der Verbrennungsluftverbrauch L Nm³ bei Verbrennung mit Luftüberschuß:

$$L = L_0 + Q_0 \cdot \frac{CO_{2\,max} - CO_2}{CO_2} \text{ Nm}^3 \text{ Verbr. Luft/Nm}^3 \text{ Heizgas} \quad \text{Gl. 13)}$$

Der Luftüberschuß bei der Verbrennung in % vom theoretischen Luftbedarf:

$$\frac{Q_0}{L_0} \cdot \frac{CO_{2\,max} - CO_2}{CO_2} \, 100\,\% \quad \ldots\ldots \quad \text{Gl. 14)}$$

Die Luftüberschußzahl λ:

$$\lambda = \frac{L}{L_0} = 1 + \frac{Q_0}{L_0} \cdot \frac{CO_{2\,max} - CO_2}{CO_2} \quad \ldots \quad \text{Gl. 15)}$$

Der maximale Kohlensäuregehalt der Abgase $CO_{2\,max}$ kann aus der Formel berechnet werden:

$$CO_{2\,max} = 21 \frac{CO_2}{21 - O_2} \% \quad \ldots\ldots \quad \text{Gl. 16)}$$

Raumgewicht γ_g [kg/m³] der trockenen Abgase bei der Temperatur t_g° C und dem absoluten Druck h mm Q.-S.:

$$\gamma_g = \frac{273}{273 + t_g} \cdot \frac{h}{760} \left[1{,}293 + \frac{CO_2}{100}\left(0{,}713 - \frac{4{,}2}{CO_{2\,max}}\right)\right] \text{ kg/m}^3 \quad \text{Gl. 18)}$$

Spez. Wärme C_p kcal/Nm³ und °C der trockenen Abgase:

$$C_p = 0{,}311 + 0{,}00102\, CO_2 \text{ kcal/Nm}^3 \text{ u. °C} \quad \ldots \quad \text{Gl. 19)}$$

Der Wassergehalt D kg eines Nm³ trockenen Abgases:

$$D = \frac{D_0}{Q_0} \cdot \frac{CO_2}{CO_{2\,max}} \text{ kg Wasser/Nm}^3 \text{ trockenes Abgas} \quad \text{Gl. 20)}$$

Die Taupunktstemperatur t_k der Abgase von Wasser-, Misch- und Kohlengasen:

a) Zwischen 48 und 62° C $t_k = 125 \frac{D_0}{Q_0} \cdot \frac{CO_2}{CO_{2\,max}} + 36°\,C$ Gl. 21)

b) Zwischen 38 und 48° C $t_k = 213 \frac{D_0}{Q_0} \cdot \frac{CO_2}{CO_{2\,max}} + 27°\,C$ Gl. 22)

NB. Die beiden Gleichungen geben nur angenäherte Werte; genauere Werte sind unter Benutzung von Tabellen für Wasserdampf-Abgasgemische (Zahlentafel 3) zu erhalten.

Wenn Heizgase und Verbrennungsluft mit Wasserdampf gesättigt sind, ist dieser Umstand evtl. zu berücksichtigen, ebenso wenn der Wassergehalt der Abgase durch Schwitzwasserbildung sich verringert hat (vgl. Abschnitt 6).

Das Gewicht G kg der trockenen Abgase von 1 Nm³ Heizgas:

$$G = Q_0 \left\{ CO_{2\,max} \left(\frac{1{,}293}{CO_2} + 0{,}00713 \right) - 0{,}042 \right\} \text{ kg tr. Abgase/Nm}^3 \text{ Heizgas} \quad \text{Gl. 23)}$$

Das feuchte Abgasvolumen Q_f m³, welches bei Verbrennung von 1 Nm³ Heizgas entsteht:

$$Q_f = \frac{T_g}{h} \left\{ 3{,}46 \cdot D_0 + \frac{62{,}4}{28{,}95 + CO_2 \left(0{,}1598 - \frac{0{,}93}{CO_{2\,max}} \right)} \cdot Q_0 \cdot \left[CO_{2\,max} \left(\frac{1{,}293}{CO_2} + 0{,}00713 \right) - 0{,}042 \right] \right\} \text{ m}^3 \text{ feuchte Abgase/Nm}^3 \text{ Heizgas} \quad \text{Gl. 24)}$$

oder:

$$Q_f = Q_0 \cdot \frac{CO_{2\,max}}{CO_2} \cdot \frac{T_g}{h - \mathfrak{h}} \cdot 2{,}785 \text{ m}^3\text{/Nm}^3 \text{ Heizgas} \quad \text{Gl. 24b)}$$

worin: T_g die absolute Temperatur der feuchten Abgase,

h in mm Q.-S. der absolute Druck, unter dem die feuchten Abgase stehen,

$\mathfrak{h}$ in mm Q.-S. die Spannung des Wasserdampfes bei der Taupunktstemperatur.

NB. Bei Angabe von Abgasgeschwindigkeiten m/s in Rohren od. dgl. ist zweckmäßig stets auch die Geschwindigkeit bei dem Abgasvolumen bei 100° C ($T_g = 373$) zum Vergleich mit anzugeben.

Das Raumgewicht γ_{gf} kg/m³ der feuchten Abgase:

$$\gamma_{gf} = \frac{Q_0 \left[CO_{2\,max} \left(\frac{1{,}293}{CO_2} + 0{,}00713 \right) - 0{,}042 \right] + D_0}{Q_f} \text{ kg/m}^3 \quad \text{Gl. 25)}$$

Spez. Wärme C_{pf} eines Nm³ trockenen Abgases mit der entsprechenden Wasserdampfmenge:

$$C_{pf} = 0{,}311 + CO_2 \left(0{,}00102 + \frac{D_0}{Q_0} \cdot \frac{0{,}46}{CO_{2\,max}} \right) \quad . \quad . \quad \text{Gl. 26)}$$

Abgasverlust (Gleichungen sind gültig bis $t_g = 350°$ C)

a) bei Zugrundelegung des unteren Heizwertes:

$$\mathfrak{B}_u = \frac{(t_g - t_l)}{H_u}\left[\left(\frac{31{,}1}{CO_2} + 0{,}102\right)\cdot Q_0 \cdot CO_{2\,max} + D_0 \cdot 46\right]\,\% \quad \text{Gl. 30)}$$

b) bei Zugrundelegung des oberen Heizwertes:

$$\mathfrak{B}_0 = \frac{100}{H_0}\left\{(t_g - t_l)\left[\left(\frac{0{,}311}{CO_2} + 0{,}00102\right)\cdot Q_0 \cdot CO_{2\,max} + D_0 \cdot 0{,}46\right] + \right.$$

$$\left. + D_0 \cdot 595\right\}\,\% \quad \ldots\ldots\ldots \quad \text{Gl. 32)}$$

In den beiden letzten Gleichungen bedeutet:

$t_g{}^0$ C die Abgastemperatur,
$t_l{}^0$ C die Lufttemperatur der Umgebung.

9. Durchrechnung eines Zahlenbeispiels.

Es sollen die Formeln auf ein Mischgas von folgender Zusammensetzung angewendet werden:

$$\begin{aligned} H_2' &= 0{,}510\ Nm^3 \\ CH_4' &= 0{,}194\ \text{»} \\ CO' &= 0{,}186\ \text{»} \\ C_2H_4' &= 0{,}009\ \text{»} \\ CO_2' &= 0{,}049\ \text{»} \\ N_2' &= 0{,}052\ \text{»} \\ \hline \Sigma &= 1{,}000\ Nm^3. \end{aligned}$$

Dann ist pro 1 Nm^3 Heizgas:

nach Gl. 1) der theoretische Luftverbrauch:

$$L_0 = 2{,}381\,(0{,}186 + 0{,}510) + 9{,}52 \cdot 0{,}194 + 14{,}28 \cdot 0{,}009$$
$$L_0 = 3{,}633\ Nm^3;$$

nach Gl. 2) die trockene Abgasmenge:

$$Q_0 = 0{,}049 + 2{,}88 \cdot 0{,}186 + 8{,}52 \cdot 0{,}194 + 13{,}28 \cdot 0{,}009 + $$
$$+ 1{,}88 \cdot 0{,}510 + 0{,}052$$
$$Q_0 = 3{,}367\ Nm^3;$$

nach Gl. 3) der maximale Kohlensäuregehalt der Abgase

$$CO_{2\,max} = \frac{0{,}049 + 0{,}186 + 0{,}194 + 2 \cdot 0{,}009}{3{,}367} \cdot 100$$
$$CO_{2\,max} = 13{,}28\,\%;$$

nach Gl. 4) die Verbrennungswassermenge

$$D_0 = 0{,}804 \cdot 0{,}510 + 1{,}608\,(0{,}194 + 0{,}009)$$
$$D_0 = 0{,}751 \text{ kg};$$

nach Gl. 5) der obere berechnete Heizwert

$$H_0 = 3034 \cdot 0{,}186 + 3052 \cdot 0{,}510 + 9527 \cdot 0{,}194 + 14903 \cdot 0{,}009$$
$$H_0 = 4104 \text{ kcal};$$

nach Gl. 6) der untere berechnete Heizwert

$$H_u = 3034 \cdot 0{,}186 + 2570 \cdot 0{,}51 + 8562 \cdot 0{,}194 + 13939 \cdot 0{,}009$$
$$H_u = 3661 \text{ kcal}.$$

Hiermit sind die für die Abgasrechnungen notwendigen Konstanten dieses Heizgases bestimmt. Bei den folgenden Rechnungen soll ein CO_2-Gehalt in den Abgasen von 9% und eine Abgastemperatur t_g von 150° C, eine Lufttemperatur t_l von 20° C und ein Barometerstand von 760 mm Q.-S. angenommen werden. (In praktischen Fällen würden sich die Zahlenwerte von CO_2, t_g und t_l aus Messungen z. B. bei Versuchen ergeben.) Unter diesen bestimmten Abgasverhältnissen ergibt sich für obiges Heizgas:

nach Gl. 7) die trockene Abgasmenge in Nm³/Nm³ Heizgas

$$Q_t = 3{,}367\,\frac{13{,}28}{9} = 4{,}97 \text{ Nm}^3;$$

nach Gl. 13) der Verbrennungsluftverbrauch in Nm³/Nm³ Heizgas

$$L = 3{,}633 + 3{,}367\,\frac{13{,}28 - 9}{9} = 5{,}233 \text{ Nm}^3;$$

nach Gl. 14) der Luftüberschuß zu

$$\frac{3{,}367}{3{,}633} \cdot \frac{13{,}28 - 9}{9} = 44{,}1\,\%;$$

nach Gl. 15) die Luftüberschußzahl

$$\lambda = \frac{5{,}233}{3{,}633} = 1{,}441;$$

nach Gl. 18) das Raumgewicht der trockenen Abgase (bei 150°)

$$\gamma_g = \frac{273}{273 + 150} \cdot \frac{760}{760}\left[1{,}293 + \frac{9}{100}\left(0{,}713 - \frac{4{,}2}{13{,}28}\right)\right];$$
$$\gamma_g = 0{,}857 \text{ kg/m}^3;$$

nach Gl. 19) die spez. Wärme der trockenen Abgase

$$C_v = 0{,}311 + 0{,}00102 \cdot 9 = 0{,}32018 \text{ kcal/Nm}^3 \text{ u. } {}^0\text{C};$$

nach Gl. 20) der Wassergehalt eines Nm³ trockenen Abgases

$$D = \frac{0{,}751}{3{,}367} \cdot \frac{9}{13{,}28} = 0{,}1513 \text{ kg bzw. } 151{,}3 \text{ g/Nm}^3;$$

nach Gl. 21) die Taupunktstemperatur des Abgases

$$t_k = 125 \cdot \frac{0{,}751}{3{,}367} \cdot \frac{9}{13{,}28} + 36 = 55^0 \text{ C.}$$

(Nach Zahlentafel 3 ergibt sich für t_k 55,5⁰ C.)

nach Gl. 23) das Gesamtgewicht der trockenen Abgase von 1 Nm³ Heizgas

$$G = 3{,}367 \left[13{,}28 \left(\frac{1{,}293}{9} + 0{,}00713\right) - 0{,}042\right];$$

$$G = 6{,}6 \text{ kg trockene Abgase/Nm}^3 \text{ Heizgas}$$

nach Gl. 24) das feuchte Abgasvolumen von 1 Nm³ Heizgas bei $T_g = 273 + 150 = 423^0$ abs. und 760 mm Barometer:

$$Q_f = \frac{423}{760}\left\{3{,}46 \cdot 0{,}751 + \frac{62{,}4}{28{,}95 + 9\left(0{,}1598 - \frac{0{,}93}{13{,}28}\right)} \cdot \right.$$

$$\left. \cdot 3{,}367 \left[13{,}28\left(\frac{1{,}293}{9} + 0{,}00713\right) - 0{,}042\right]\right\};$$

$$Q_f = 9{,}15 \text{ m}^3/\text{Nm}^3 \text{ Heizgas}$$

oder nach Gl. 24b)

$$Q_f = 3{,}367 \cdot \frac{13{,}28}{9} \cdot \frac{273 + 150}{760 - 120} \cdot 2{,}785 = 9{,}15 \text{ m}^3/\text{Nm}^3 \text{ Heizgas};$$

nach Gl. 25) das Raumgewicht der feuchten Abgase

$$\gamma_{gf} = \frac{G + D}{Q_f} = \frac{6{,}6 + 0{,}751}{9{,}15} = 0{,}804 \text{ kg/m}^3.$$

(NB. Das Raumgewicht der feuchten Abgase ist nur um 6,18% kleiner als das der trockenen Abgase gleicher Temperatur.)

nach Gl. 26) die spez. Wärme 1 Nm³ trockenen Abgases mit der entsprechenden Wasserdampfmenge

$$C_{vf} = 0{,}311 + 9\left(0{,}00102 + \frac{0{,}751 \cdot 0{,}46}{3{,}367 \cdot 13{,}28}\right);$$

$$C_{vf} = \sim 0{,}39 \text{ kcal}$$

nach Gl. 30) der Abgasverlust bezogen auf H_u

(es wird hier im Beispiel der errechnete untere Heizwert gewählt)

$$\mathfrak{V}_u = \frac{150 - 20}{3661}\left[\left(\frac{31,1}{9} + 0,102\right)3,367 \cdot 13,28 + 0,751 \cdot 46\right] =$$
$$= 6,86\,\%;$$

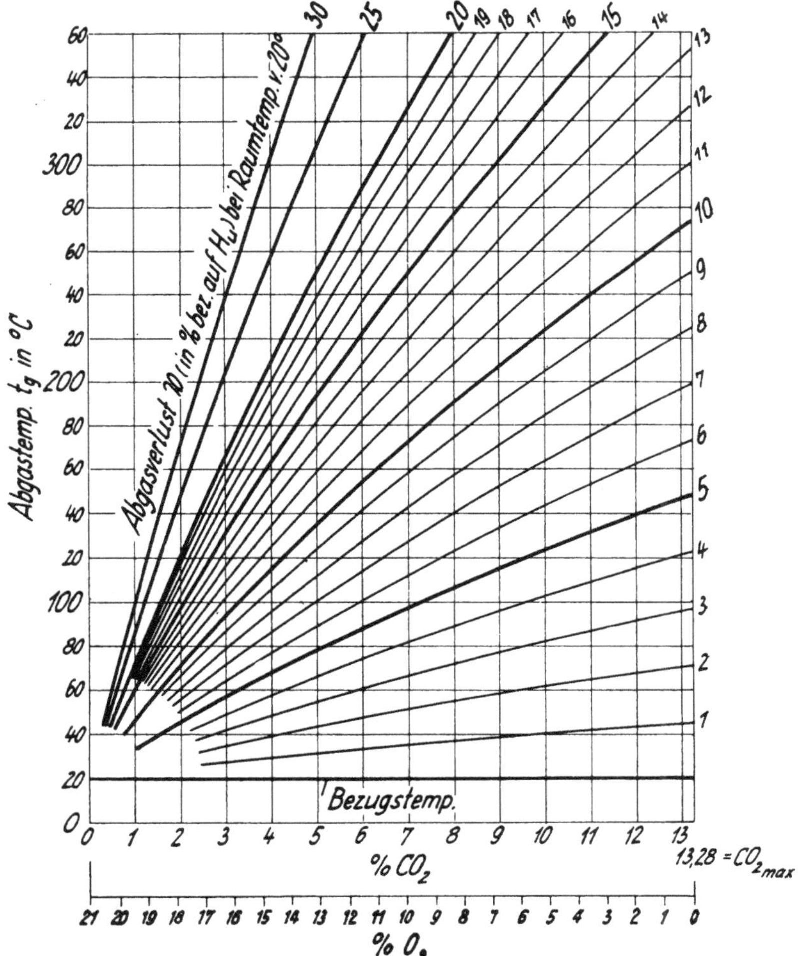

Abb. 11. Abgasverlust im t-CO_2-Diagramm, bezogen auf H_u (Mischgas).

nach Gl. 32) der Abgasverlust bezogen auf H_0 (es wird hier im Beispiel der errechnete obere Heizwert gewählt)

$$\mathfrak{V}_0 = \frac{100}{4104}\left\{(150-20)\left[\left(\frac{0{,}311}{9}+0{,}00102\right)\cdot 3{,}367\cdot 13{,}28+\right.\right.$$

$$\left.\left.+\,0{,}751\cdot 0{,}46\right]+0{,}751\cdot 595\right\} = 17{,}03\,\%.$$

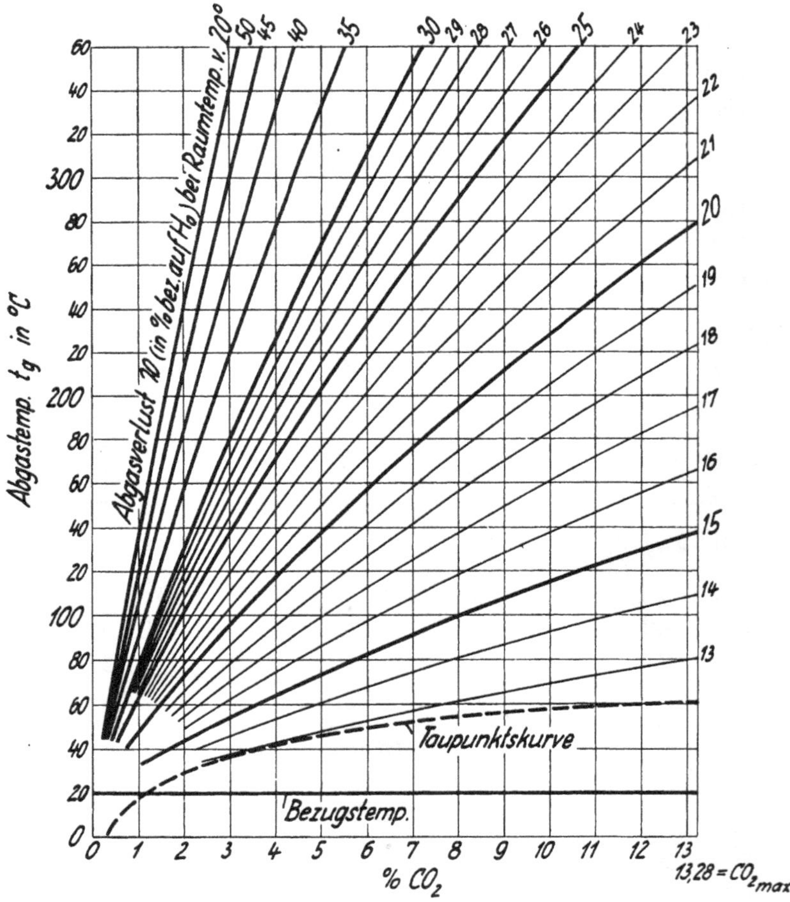

Abb. 12. Abgasverlust im t-CO_2-Diagramm, bezogen auf H_0 (Mischgas).

In Abb. 11 und 12 sind die Abgasverluste des im vorstehenden Zahlenbeispiel gewählten Mischgases bei verschiedenen Abgastemperaturen t_g und verschiedenem CO_2-Gehalt graphisch dargestellt. In beiden Diagrammen liegt die gleiche Raum-(Bezugs-)Temperatur t_l von 20° C zugrunde. Abb. 11 gibt die Abgasverluste bezogen auf unteren Heizwert an, Abb. 12 desgleichen bezogen auf oberen Heizwert. In diesen t_g-CO_2-Diagrammen (Abb. 11 und 12) sind Linien konstanten Abgasverlustes keine Geraden wie im J-CO_2-Diagramm (Abb. 5).

II. Die Abführung der Abgase.

Begriffserklärungen:

Triebkräfte (auf die Flächeneinheit bezogene Kräfte, daher kg/m² oder mm W.-S.) sind die Ursachen für eine Strömung von Abgasen.

Auftrieb (mm W.-S.) ist eine senkrecht nach oben gerichtete Triebkraft, die durch den Unterschied in den Raumgewichten von Abgasen und Luft in einem senkrechten, mit Abgasen angefüllten Rohr bzw. Rohrstück hervorgerufen wird, wenn die Abgase leichter als die umgebende Luft sind. Das Innere des Rohres muß mit der umgebenden Luft in Verbindung stehen.

Abtrieb (mm W.-S.) ist eine senkrecht nach abwärts gerichtete Triebkraft, die durch den Unterschied in den Raumgewichten von Abgasen und Luft in einem senkrechten, mit Abgasen angefüllten Rohr bzw. Rohrstück hervorgerufen wird, wenn die Abgase schwerer als die umgebende Luft sind. Das Innere des Rohres muß mit der umgebenden Luft in Verbindung stehen.

Thermische Einflüsse (mm W.-S.) sind ein Sammelbegriff für Auftrieb und Abtrieb, dem die gemeinsame Ursache für die Entstehung dieser beiden Triebkräfte — nämlich Unterschiede in den Raumgewichten zwischen Abgasen und Luft — zugrunde liegt.

Äußere Druckeinflüsse (mm W.-S.) sind Triebkräfte, die durch den Druckunterschied entstehen, der zwischen den Umgebungen der zwei Mündungen eines beiderseits offenen Rohres bestehen kann, wobei vorauszusetzen ist, daß der Druckunterschied sich nur durch das Innere des Rohres, aber nicht etwa außerhalb des Rohres ausgleichen kann.

Zugfördernder Druckunterschied (mm W.-S.) ist ein äußerer Druckeinfluß und damit eine Triebkraft, die bei einem beiderseits offenen und senkrecht gelagerten Rohr in gleicher Richtung wirkt wie der Auftrieb (also nach aufwärts).

Zughemmender Druckunterschied (mm W.-S.) ist ein äußerer Druckeinfluß und damit eine Triebkraft, die bei einem beiderseits offenen und senkrecht gelagerten Rohr in gleicher Richtung wirkt wie der Abtrieb (also nach abwärts).

Anmerkung: Von den genannten Triebkräften ist im allgemeinen nur der Auftrieb eine für die Abgasabführung nützliche Kraft. Ein zugfördernder Druckunterschied kann für die Abgasabführung gelegentlich auch von Nutzen sein; diese Triebkraft scheidet jedoch wegen ihrer Unbeständigkeit und Unzuverlässigkeit als ordentliche Triebkraft meist aus.

Der Abtrieb sowie der zughemmende Druckunterschied sind schädliche Triebkräfte bei der Abgasabführung; das Auftreten dieser beiden Triebkräfte ist daher zu bekämpfen bzw. ihre Einwirkungen auf den Verbrennungsvorgang in den Gasgeräten zu verhindern.

Aufstrom (m/s) ist eine nach aufwärts gerichtete Bewegung der Abgase in einem beiderseits offenen und senkrecht gelagerten Rohr. Die Ursachen für den Aufstrom können folgende sein:

1. *der Auftrieb, wenn sonst keine anderen Triebkräfte vorhanden sind,*
2. *ein zugfördernder Druckunterschied, wenn sonst keine anderen Triebkräfte vorhanden sind;*
3. *alle vier vorhin genannten, gleichzeitig auf den Rohrinhalt wirkenden Triebkräfte, wenn die Summe von Auftrieb und zugförderndem Druckunterschied größer ist als die Summe von Abtrieb und zughemmendem Druckunterschied (hierbei können natürlich einige Triebkräfte nicht vorhanden sein bzw. den Wert Null haben).*

Rückstrom (m/s) ist eine nach abwärts gerichtete unerwünschte Bewegung der Abgase bzw. Luft in einem beiderseits offenen und senkrecht gelagerten Rohr. Die Ursachen für den Rückstrom können folgende sein:

1. *der Abtrieb, wenn sonst keine anderen Triebkräfte vorhanden sind,*
2. *ein zughemmender Druckunterschied, wenn sonst keine anderen Triebkräfte vorhanden sind,*
3. *alle vier vorhin genannten, gleichzeitig auf den Rohrinhalt wirkenden Triebkräfte, wenn die Summe von Auftrieb und zugförderndem Druckunterschied kleiner ist als die Summe von Abtrieb und zughemmendem Druckunterschied (hierbei können natürlich einige Triebkräfte nicht vorhanden sein bzw. den Wert Null haben).*

Ruhezustand (m/s = 0) ist ein bewegungsloser Zustand des Rohrinhaltes, der folgende Ursachen haben kann:

1. *sämtliche Triebkräfte sind Null,*
2. *die Summe von Auftrieb plus zugfördernder Druckdifferenz ist gleich der Summe von Abtrieb plus zughemmender Druckdifferenz,*
3. *eine nach der einen oder anderen Richtung wirkende resultierende Triebkraft ist zwar vorhanden, aber die Strömungswiderstände im Rohr sind ebenso groß oder größer als diese resultierende Triebkraft.*

Stau ist eine Behinderung des Aufstromes durch Widerstände bzw. durch zughemmende Druckunterschiede; man bezeichnet aber gewöhnlich diese Behinderung der Abgasströmung nur dann als Stau, wenn die Widerstände im Verhältnis zu den Triebkräften so groß sind, daß der Abgaskanal nicht sämtliche Abgasmengen abführt, die man ihm unter normalen Verhältnissen zur Abbeförderung zumuten kann und zumutet. Die Widerstände können sogar so groß sein, daß die Abgasbewegung im Rohr ganz aufhört (Ruhezustand durch vollkommenen Stau).

Manometrischer Druck (mm W.-S.) der Abgase ist der an einer Stelle im Rohr gemessene statische Druck der Abgase, bezogen auf den Druck der das Rohr umgebenden Luft (dieser gleich Null gesetzt). Der manometrische Druck ist das Ergebnis aus der Wirksamkeit einzelner Triebkräfte (thermischer oder Druckeinflüsse) bei Vorhandensein von Widerständen im Rohr, oder das Ergebnis aus der Wirksamkeit mehrerer gleichzeitig und gegeneinander im Rohr wirkenden Triebkräfte bei Vorhandensein oder Nichtvorhandensein von Widerständen.

Manometrischer Druckverlauf der Abgase ist der Kurvenzug, der sich ergibt, wenn man die an den verschiedenen Stellen im Rohr herrschenden manometrischen Drücke abhängig von der Rohrlänge in einem Diagramm aufträgt und die so erhaltenen Punkte miteinander verbindet.

Dynamischer Druck (mm W.-S.) der Abgase ist die auf die Flächeneinheit bezogene lebendige Kraft der strömenden Abgase. Formelmäßig $\frac{w^2}{2g}\gamma_o$ *kg/m² bzw. mm W.-S.*

Leistung (m³/h) eines Abgaskanals ist das durch den freien Querschnitt in der Zeiteinheit fortbewegte Abgasvolumen.

1. Allgemeines.

Die nachstehenden Ausführungen sind gleich wichtig für die Strömung der Verbrennungsgase in den Gasgeräten und für die Abführung der Abgase von den Gasgeräten durch Rohrleitungen oder Kanäle ins Freie. Grundsätzlich sind nämlich Ursache und Ablauf des Strömungsvorganges in Gasgeräten und Abgasleitungen einander gleich; die gleichen Gesetze gelten natürlich auch bei Feuerungen für feste Brennstoffe und bei der Rauchgasabführung derselben. Die bestehenden Unterschiede sind nur quantitativ, aber nicht qualitativ. Die aus den folgenden Abhandlungen sich ergebenden Erkenntnisse sind deshalb in gleicher Weise auf die Einrichtungen für die Abgasabführung wie auch für die Gasgeräte selbst anwendbar.

Um eine Strömung von Abgasen herbeizuführen, kann man sich folgender Mittel bedienen:

1. Man kann aus einer Düse Luft oder irgendein anderes Gas mit großer Geschwindigkeit austreten lassen; der Luft- oder Gasstrahl reißt (infolge Stoßwirkung) die in der Umgebung des Strahls befindlichen Abgase mit fort, und man kann auf diese Weise eine Strömung bzw. Fortschaffung der Abgase bewirken. Die praktische Anwendung eines solchen Ejektors zur Abführung der Abgase beschränkt sich jedoch meist auf Feuerungen mit festen Brennstoffen, und auch hierbei wird der Ejektor fast nur aushilfsweise benutzt, wenn die Leistung der sonst vorhandenen Abgasanlage vorübergehend nicht ausreicht. Der Ejektor, dessen Arbeitsweise zudem das Vorhandensein von Preßluft oder Dampf voraussetzt, hat einen schlechten Wirkungsgrad. Bei der Strömung der Verbrennungsgase in den Gasgeräten spielt jedoch die Ejektorwirkung der mit großer Geschwindigkeit aus den Brenneröffnungen austretenden Gasstrahlen eine gewisse Rolle; denn hierdurch ist eine zusätzliche Energiequelle für den Strömungsvorgang in den Gasgeräten gegeben, der sonst nur durch die Auftriebsenergie der Verbrennungsgase in den Gasgeräten unterhalten wird. Auf die Bedeutung der Ejektorwirkung der aus den Brennerbohrungen austretenden Gasstrahlen als Energiequelle für den Strömungsvorgang in Gasgeräten wird im Abschnitt 9 noch im einzelnen eingegangen werden.

2. Ein anderes Mittel zur Fortbewegung von Abgasen besteht darin, daß man die Abgase durch einen Ventilator ansaugt und ins

Freie drückt. Die Abgasabführung mittels Ventilatoren wird häufig bei großen Kohlenfeuerungen angewendet, besonders wenn große Zugstärken zum Betrieb der Feuerung benötigt werden und hohe Schornsteine aus irgendwelchen Gründen nicht zur Verfügung stehen. Auch bei Gasfeuerstätten wird in seltenen Fällen die Abgasabführung durch Ventilatoren bewerkstelligt, wenn die Abgasleitungen unterirdisch verlegt werden müssen und deshalb aus langen horizontalen Kanälen bestehen (z. B. bei Kirchenheizungen).

3. Das übliche Mittel zur Abführung der Abgase besteht darin, daß man die warmen Abgase in senkrechte Kanäle einleitet, in denen die Abgase infolge ihres Auftriebs von selbst ins Freie abziehen. Die Energie zur Fortbewegung der Abgase in senkrechten Kanälen heißt Auftriebsenergie; sie tritt überall dort auf, wo spezifisch leichtere Gase von schwereren Gasen umgeben sind. Gase dehnen sich bekanntlich bei Erhöhung ihrer Temperatur aus. Da aber die Gewichtsmenge an Gas bei der geringeren Temperatur bzw. bei dem kleinen Volumen ebenso groß ist wie bei der höheren Temperatur bzw. bei dem infolge der Ausdehnung größer gewordenen Volumen, so kommt also bei der höheren Temperatur die gleiche Gewichtsmenge auf ein größeres Volumen, d. h. das Gewicht der Raumeinheit der Gase ist bei der höheren Temperatur geringer oder die Gase sind spezifisch leichter geworden.

Wenn man daher die Abgase auf einer genügend hohen Temperatur hält, sind sie spezifisch leichter als die umgebende Luft und können dann infolge der dadurch hervorgerufenen Auftriebskraft von selbst nach oben abziehen. Die Auftriebsenergie ist eine mechanische Energie, die aus Wärmeenergie gewonnen ist. Sie setzt nicht nur die Abgase in Bewegung, sondern hilft die Abgase bei diesem Strömungsvorgang auch etwaige Strömungswiderstände — sei es die Rohrreibung in den Kanälen, seien es Einzelwiderstände — zu überwinden. Indem nun in den Gasgeräten ständig Abgase von geringerem Raumgewicht als die umgebende Luft erzeugt werden, entsteht durch den Auftrieb eine kontinuierliche Abgasströmung (ein Aufstrom). Für die richtige Beurteilung der bei der Abgasströmung auftretenden Erscheinungen — wie Druck- und Temperaturänderungen der Abgase in den Gasgeräten und Abgasleitungen — ist es notwendig zu wissen, wie die Umsetzung von Auftriebsenergie in Strömungsenergie vor sich geht. Hieraus ergeben sich dann ohne weiteres die konstruktiven Maßnahmen bei Gasgeräten und Abgasleitungen, die zur Erzielung günstigster Vorbedingungen für die Abgasströmung führen.

Bezeichnet:

h m die lotrechte Höhe zwischen Ein- und Ausgang eines mit Abgasen angefüllten Kanals,

γ_{gf} kg/m³ das Raumgewicht der Abgase,

γ_l kg/m³ das Raumgewicht der umgebenden Luft,

w m/s die Abgasgeschwindigkeit,

$g = 9{,}81$ m/s² die Erdbeschleunigung,

R mm W.-S. die Rohrreibung der Abgase im Kanal je lfd. m Kanallänge

l m die Länge des Kanals (h und l brauchen nicht gleich zu sein; sie sind es z. B. nicht bei Abgaskanälen mit horizontalen Zwischenstrecken),

$Z_1, Z_2 \ldots$ mm W.-S. die verschiedenen Einzelwiderstände in einem Abgaskanal,

so heißt die bekannte Grundgleichung für die Zusammenhänge bei diesem Strömungsvorgang:

$$h\,(\gamma_l - \gamma_{gf}) = \frac{w^2}{2g}\,\gamma_{gf} + l \cdot R + \Sigma Z \quad \ldots \quad \text{Gl. 46)}$$

Hierin ist $h\,(\gamma_l - \gamma_{gf})$ mm W.-S. die Größe des Auftriebs und $\frac{w^2}{2g}\,\gamma_{gf}$ die lebendige Kraft der strömenden Abgase bzw. der dynamische Druck. Je nachdem man Gl. 46) als Arbeits- oder Druckgleichung auffaßt, ist der eine oder andere Ausdruck zutreffend. Die Gleichung besagt, daß das durch den Auftrieb der Abgase gegebene Arbeitsvermögen dazu benutzt wird, die Abgase zu bewegen bzw. auf die Geschwindigkeit w zu bringen und die Strömungswiderstände (nämlich die Rohrreibung und etwaige Einzelwiderstände) zu überwinden. Die vorhandene Auftriebsenergie wird stets restlos dazu aufgebraucht.

Die Aufgabe der folgenden Abschnitte wird sein, zunächst die Größe der Auftriebskraft in ihrer Abhängigkeit von der Temperatur und der Zusammensetzung der Abgase näher zu untersuchen, darauf die Umsetzung der Auftriebsenergie in Strömungsenergie und die dabei auftretenden Erscheinungen im einzelnen klarzulegen, ferner auf die Strömungswiderstände einzugehen und dann die Strömungsvorgänge in den Gasgeräten und Abgasleitungen mit besonderer Betonung von Sicherheitseinrichtungen (Rückstromsicherungen usw.) zwischen Gasgeräten und Abgasleitungen zu behandeln.

2. Der Auftrieb.

Die Größe des Auftriebs A errechnet sich als Produkt aus der Höhe h m einer Gassäule und dem Unterschied der Raumgewichte der umgebenden schwereren Luft und des leichteren Gases bzw. Abgases; formelmäßig also

$$A = h\,(\gamma_l - \gamma_{af}).$$

Zunächst kommt es auf die Ermittlung der Werte von γ_l und γ_{af} und ihrer Differenz an, später wird dann auch die Höhe h mit einbezogen.

Raumgewicht der Luft. Das Raumgewicht der trockenen Luft beträgt bei 0° und 760 mm Q.-S. 1,293 kg/m³. Bei der Temperatur t_l^0 C und dem Druck (Barometerstand) von b mm Q.-S. errechnet sich das Raumgewicht der feuchten Luft zu

$$\gamma_l = 1{,}293 \cdot \frac{b \cdot 273}{760 \cdot (273 + t_l)} - 0{,}000607 \cdot \gamma' \cdot \varphi \text{ kg/m}^3 \quad . \ . \ . \ . \quad \text{Gl. 47)}$$

Hierin ist γ' das Gewicht in g von 1 m³ trocken gesättigten Wasserdampfes bei der Temperatur t_l. Den Wert für γ' findet man in der dritten Spalte der Zahlentafel 3. φ ist die relative Feuchtigkeit der Luft.

Zahlenbeispiel: Wie groß ist das Raumgewicht der feuchten Luft bei 30° C und 720 mm Q.-S., wenn sie zu 75% mit Wasserdampf gesättigt ist? Antwort:

$$\begin{aligned}\gamma_l &= 1{,}293 \cdot \frac{720 \cdot 273}{760 \cdot (273 + 30)} - 0{,}000607 \cdot 30 \cdot 0{,}75 \\ &= 1{,}105 - 0{,}01366 \\ &= 1{,}091 \text{ kg/m}^3.\end{aligned}$$

Zahlentafel 4.

Einheitsgewichte von Luft (kg/m³) bei 60, 80 und 100 v. H. relativer Feuchtigkeit bei Temperaturen von —10° bis +50° und Barometerständen von 720 bis 770 mm Q.-S.

Barometerstand mm Q.-S.	720			730			740			750			760			770		
relative Feuchtigkeit %	60	80	100	60	80	100	60	80	100	60	80	100	60	80	100	60	80	100
Temperatur des trockenen Thermometers —10	1,271	1,271	1,271	1,289	1,289	1,289	1,307	1,307	1,307	1,325	1,325	1,325	1,342	1,342	1,342	1,360	1,360	1,360
— 8	1,261	1,261	1,261	1,279	1,279	1,279	1,297	1,297	1,297	1,316	1,316	1,315	1,332	1,332	1,332	1,350	1,350	1,350
— 6	1,252	1,252	1,251	1,270	1,270	1,269	1,288	1,287	1,288	1,307	1,307	1,306	1,322	1,322	1,322	1,340	1,340	1,340
— 4	1,243	1,243	1,242	1,260	1,260	1,260	1,278	1,278	1,277	1,297	1,297	1,296	1,311	1,311	1,311	1,330	1,330	1,330
— 2	1,234	1,233	1,232	1,251	1,250	1,250	1,268	1,268	1,267	1,287	1,286	1,285	1,301	1,300	1,300	1,320	1,319	1,319
± 0	1,225	1,224	1,223	1,242	1,241	1,240	1,259	1,258	1,257	1,277	1,276	1,275	1,291	1,290	1,290	1,310	1,309	1,309
+ 2	1,216	1,215	1,214	1,233	1,232	1,231	1,249	1,248	1,247	1,267	1,266	1,265	1,282	1,281	1,280	1,301	1,300	1,300
+ 4	1,207	1,206	1,205	1,224	1,223	1,222	1,240	1,239	1,238	1,257	1,256	1,255	1,273	1,272	1,271	1,291	1,290	1,289
+ 6	1,198	1,197	1,196	1,215	1,214	1,213	1,230	1,229	1,228	1,248	1,247	1,246	1,264	1,263	1,262	1,281	1,280	1,279
+ 8	1,189	1,188	1,187	1,205	1,204	1,203	1,221	1,220	1,219	1,239	1,238	1,237	1,255	1,254	1,253	1,271	1,270	1,269
+10	1,180	1,179	1,178	1,196	1,195	1,194	1,212	1,211	1,210	1,230	1,229	1,228	1,245	1,244	1,243	1,262	1,261	1,260
+12	1,172	1,170	1,169	1,187	1,186	1,185	1,203	1,202	1,201	1,221	1,220	1,219	1,235	1,234	1,233	1,253	1,252	1,251
+14	1,163	1,161	1,160	1,178	1,177	1,176	1,194	1,193	1,192	1,212	1,211	1,210	1,226	1,225	1,224	1,244	1,243	1,242
+16	1,154	1,152	1,151	1,169	1,168	1,167	1,185	1,183	1,181	1,203	1,201	1,199	1,217	1,215	1,213	1,235	1,233	1,231
+18	1,145	1,143	1,141	1,161	1,159	1,157	1,176	1,174	1,172	1,194	1,192	1,190	1,208	1,206	1,204	1,225	1,223	1,221
+20	1,136	1,134	1,132	1,152	1,150	1,148	1,167	1,165	1,163	1,185	1,183	1,181	1,199	1,197	1,195	1,216	1,214	1,212
+22	1,127	1,125	1,123	1,143	1,141	1,139	1,158	1,156	1,154	1,176	1,174	1,172	1,190	1,188	1,186	1,207	1,205	1,203
+24	1,118	1,116	1,114	1,134	1,132	1,130	1,150	1,147	1,144	1,167	1,164	1,162	1,181	1,178	1,175	1,198	1,195	1,192
+26	1,110	1,107	1,104	1,125	1,123	1,121	1,141	1,138	1,135	1,158	1,155	1,152	1,172	1,169	1,166	1,189	1,186	1,183
+30	1,094	1,090	1,087	1,109	1,105	1,101	1,124	1,120	1,116	1,140	1,136	1,132	1,154	1,150	1,146	1,171	1,167	1,163
+34	1,077	1,072	1,068	1,092	1,087	1,082	1,107	1,102	1,097	1,122	1,117	1,112	1,136	1,131	1,126	1,153	1,148	1,143
+38	1,059	1,053	1,047	1,074	1,068	1,062	1,090	1,084	1,078	1,104	1,098	1,092	1,118	1,112	1,106	1,135	1,129	1,123
+42	1,041	1,034	1,027	1,056	1,049	1,042	1,072	1,065	1,058	1,086	1,079	1,072	1,100	1,093	1,086	1,117	1,110	1,103
+46	1,023	1,015	1,007	1,038	1,030	1,022	1,054	1,046	1,038	1,068	1,060	1,052	1,082	1,074	1,066	1,098	1,090	1,082
+50	1,005	0,995	0,985	1,020	1,010	1,000	1,035	1,025	1,015	1,050	1,040	1,030	1,064	1,054	1,044	1,079	1,069	1,059

Um sich die Rechenarbeit zu sparen, kann das Raumgewicht der Luft bei verschiedenem Druck, Feuchtigkeitsgehalt und verschiedener Temperatur aus Zahlentafel 4 direkt entnommen werden. Es sei darauf hingewiesen, daß oft kleinere Differenzen im Endresultat bei Benutzung verschiedener Tabellen vorkommen; das liegt an der Verschiedenheit der Wasserdampfspannungen, die in der Literatur bei gleichen Temperaturen nicht einheitlich angegeben werden.

Raumgewicht der feuchten Abgase: Das Raumgewicht der feuchten Abgase eines Heizgases errechnet sich nach der früher angegebenen Gl. 25) zu:

$$\gamma_{0f} = \frac{G + D_0}{Q_f} \text{ kg/m}^3.$$

Das Raumgewicht hängt außer von der Temperatur und dem Druck noch ab vom CO_2-Gehalt der Abgase, ferner von den Konstanten D_0, Q_0 und $CO_{2\,max}$ des betreffenden Heizgases. Nach den früher angegebenen Gleichungen 25) bzw. 23) und 24) läßt sich das Raumgewicht der feuchten Abgase eines Heizgases bei gegebener Abgastemperatur und gegebenem CO_2-Gehalt stets ermitteln. Zahlentafel 5 enthält beispielsweise die Raumgewichte der feuchten Abgase von dem im Abschnitt 9 gewählten Stadt-(Misch-)Gas bei verschiedenen Temperaturen und CO_2-Gehalten und bei einem Barometerstand von 760 mm Q.-S. Die dicke treppenförmige Linie in Zahlentafel 5 trennt die Gebiete unterhalb und oberhalb des Taupunkts. Bei der Berechnung des Raumgewichts der Abgase unterhalb des Taupunkts ist zu beachten, daß die Abgase bei der betreffenden Temperatur nur voll gesättigt sind und daher ein Teil des vom Verbrennungswasser herrührenden Dampfes ausgefallen ist. Da Dampf bekanntlich spezifisch leichter als Luft ist, so nimmt das Raumgewicht der Abgase bei Abkühlung unterhalb des Taupunktes stärker zu, als der Temperatursenkung allein entsprechen würde. Dies kommt besonders auch im Verlauf der Kurven auf den Diagrammen der Abb. 13 und 14 zum Ausdruck. Während oberhalb des Taupunktes das Raumgewicht bei höherem CO_2-Gehalt der Abgase abnimmt — bei sonst gleicher Temperatur —, ist es unterhalb des Taupunktes gerade umgekehrt, weil hier der Einfluß der schweren Kohlensäure nach Verschwinden des Wasserdampfes voll zur Geltung kommen kann (vgl. Zahlentafel 5).

Zahlentafel 5.

Raumgewichte (kg/m³) feuchter Abgase von Stadtgas bei verschiedenen Temperaturen und CO_2-Gehalten

Abgastemp. °C	CO_2-Gehalt der Abgase in %						
	2	4	6	8	10	12	CO_2max 13,28
0	1,296	1,304	1,311	1,319	1,327	1,334	1,342
20	1,200	1,207	1,215	1,223	1,231	1,235	1,241
40	1,106	1,109	1,114	1,211	1,128	1,134	1,140
60	1,043	1,028	1,010	1,000	0,989	1,012	1,017
80	0,984	0,970	0,953	0,943	0,933	0,924	0,915
100	0,932	0,918	0,902	0,893	0,883	0,874	0,866
120	0,884	0,871	0,856	0,848	0,838	0,829	0,822
140	0,841	0,829	0,814	0,806	0,798	0,789	0,782
160	0,803	0,791	0,777	0,769	0,761	0,753	0,746
180	0,767	0,756	0,742	0,735	0,728	0,720	0,713
200	0,735	0,724	0,711	0,704	0,697	0,689	0,683
250	0,664	0,655	0,643	0,637	0,630	0,624	0,618
300	0,607	0,598	0,587	0,581	0,575	0,569	0,564
350	0,558	0,550	0,540	0,535	0,529	0,523	0,519
400	0,517	0,509	0,500	0,495	0,490	0,485	0,480
450	0,481	0,474	0,465	0,461	0,456	0,451	0,447
500	0,450	0,443	0,435	0,431	0,426	0,422	0,418
600	0,398	0,392	0,385	0,382	0,378	0,374	0,370
700	0,357	0,352	0,346	0,342	0.339	0,335	0,332
800	0,324	0,319	0,314	0,310	0,307	0,304	0,301
900	0,296	0,292	0,287	0,284	0,281	0,278	0,275
1000	0,273	0,269	0,264	0,262	0,259	0,256	0,254

Gebiet unterhalb des Taupunktes

Aus Diagramm Abb. 13 ist ersichtlich, daß die Beeinflussung des Raumgewichts durch den verschiedenen CO_2-Gehalt der Abgase im allgemeinen unwesentlich ist und man daher in den meisten Fällen auch kaum Rücksicht darauf zu nehmen braucht. Praktisch wichtiger ist die Veränderung des Raumgewichtes mit der Temperatur. Abb. 13 zeigt deutlich, daß im Gebiet geringer Temperaturen (bis etwa 200° C) diese Veränderung viel krasser ist als bei hohen Temperaturen; je höher die Temperatur wird, um so weniger fällt — bei sonst gleichem Temperaturanstieg — das Raumgewicht ab. Für die Praxis folgt daraus, daß es z. B. für den in den Gasgeräten erzeugten Auftrieb nicht viel ausmacht, ob die Temperatur der Verbrennungsgase in den Geräten 600 oder 900° C beträgt, aber daß man bei-

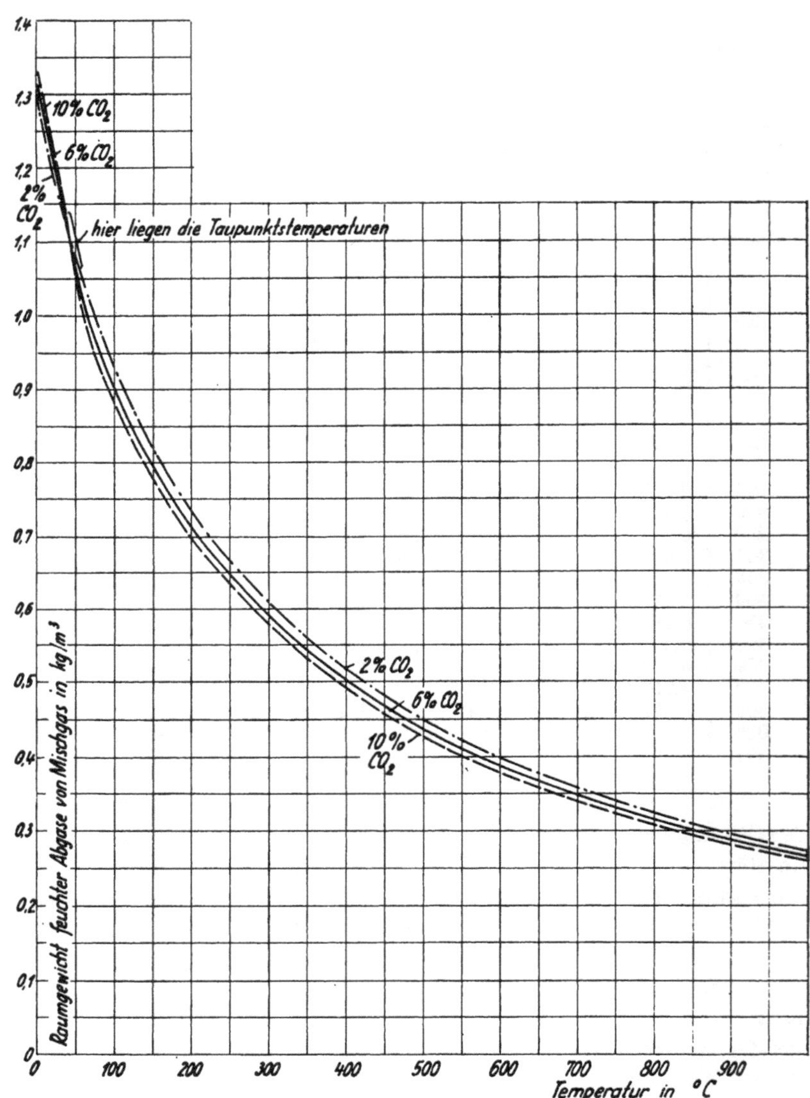

Abb. 13. Raumgewichte (kg/m³) feuchter Abgase von Stadtgas bei verschiedenen Temperaturen (bei 760 mm Q.S. Druck).

spielsweise bei einer Temperaturerhöhung von 100 auf 250° (also um 150°) ebensoviel an Auftriebskraft gewinnt wie bei einer Temperaturerhöhung von 250° auf 1000° (also um 750° C).

Differenz der Raumgewichte von Luft und Abgas: Das Raumgewicht von Luft und von Abgas ist im Diagramm Abb. 14 abhängig von der Temperatur so gegenüber gestellt, daß der Unterschied im Raumgewicht anschaulich zum Ausdruck kommt. Die Sättigung der Luft mit Wasserdampf ist zwischen —10° und +15° zu 100%, darüber zu 80% angenommen. Bei den Abgasen

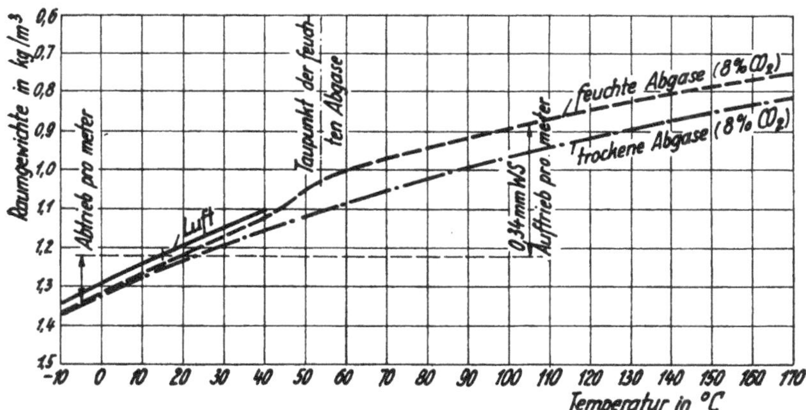

Abb. 14. Raumgewichte trockener und feuchter Abgase im Verhältnis zu den Raumgewichten der Luft.

(mit 8% CO_2-Gehalt) ist das Raumgewicht von feuchten und vergleichsweise auch von trockenen Abgasen angegeben, um die Bedeutung des Wasserdampfgehaltes für das Raumgewicht erkenntlich zu machen. Der Verlauf der Raumgewichtskurve der feuchten Abgase ist nicht stetig — wie etwa bei den beiden anderen Kurven —, weil bei Temperaturen unterhalb des Taupunkts (53,5° C) der Wasserdampf teilweise kondensiert ist, so daß die Abgase durch den teilweisen Ausfall des leichten Wasserdampfes spezifisch schwerer geworden sind. Unterhalb des Taupunkts ist die Sättigung der feuchten Abgase jeweils zu 100% angenommen. Man erkennt aus Abb. 14, daß die feuchten und trockenen Abgase spezifisch schwerer sind als Luft von gleicher Temperatur. Will man den je m erzeugten

Auftrieb bei einem Abgas von bestimmter Temperatur (z. B. 150° C) und bei Luft von ebenfalls bestimmter Temperatur (z. B. 15° C) aus dem Diagramm entnehmen, so läßt sich das nach der im Diagramm Abb. 14 angedeuteten Methode leicht bewerkstelligen. Dasselbe gilt auch für die Ermittlung des Abtriebs (vgl. folgenden Abschnitt). Die Zahlenwerte der Raumgewichtsskala können dabei zugleich als Zahlenwerte für den Auftrieb in mm W.-S. je m Schornsteinhöhe dienen.

Der Auftrieb und seine Darstellung bei veränderlicher Abgastemperatur. Die Größe des Auftriebs A errechnet sich — wie schon bemerkt — als das Produkt: Höhe h m einer Gassäule mal der Raumgewichtsdifferenz zwischen Luft und Gas.

$$A = h\,(\gamma_l - \gamma_{gf})\text{ mm W.-S.}$$

Wäre bei dem Strömen der Abgase in einer senkrechten Rohrleitung die Abgastemperatur über die Länge der Rohrleitung konstant bzw. der Wärmeverlust gleich Null, so wäre auch das Raumgewicht der Abgase, das ja von der Temperatur abhängig ist, bei dem ganzen Strömungsvorgang ebenfalls konstant. Dieser ideale Fall ist beispielsweise in Abb. 15 dargestellt: und zwar sind in Abb. 15a die konstanten Temperaturen des Abgases und der das Rohr umgebenden Luft und in Abb. 15b die dazu gehörigen (den Temperaturen entsprechenden) Raumgewichte dargestellt. Man erkennt aus Abb. 15b, daß die zwischen den Raumgewichtsgeraden der Luft und

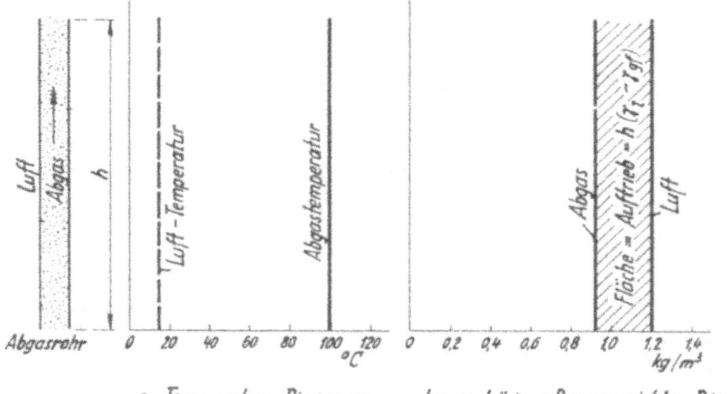

Abb. 15.

des Abgases liegende Fläche von der Größe $h\ (\gamma_l - \gamma_{gf})$ direkt ein Maß für die Größe des Auftriebs ist (graphische Darstellung des Auftriebs).

Praktisch ist wegen vorhandener Wärmeverluste der Temperaturverlauf des Abgases über die Länge der Rohrleitungen nicht konstant, sondern die Abgastemperatur nimmt mit der Höhe der Abgasleitung ab und das Raumgewicht der Abgase zu (vgl. in Abb. 16a und b die Verringerung der Temperatur und die entsprechende Vergrößerung des Raumgewichts der Abgase in Abhängigkeit von der

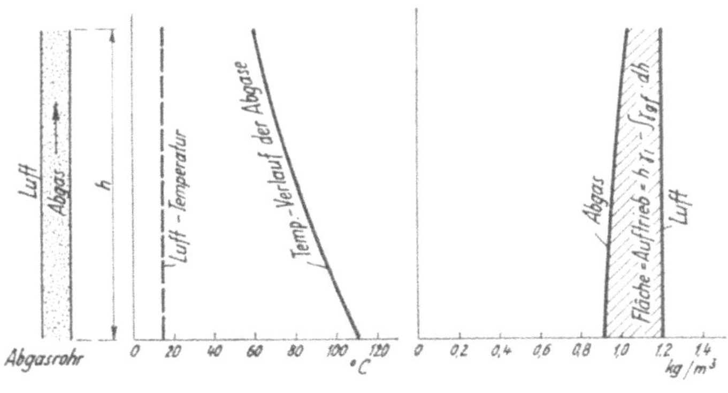

Abb. 16.

Rohrlänge). Auch bei einem mit der Rohrlänge veränderlichen Raumgewicht der Abgase ist die Fläche, die von der Raumgewichtsgeraden der Luft und der Raumgewichtskurve der Abgase begrenzt wird (Abb. 16b), wieder direkt ein Maß für die Größe des Auftriebs. Will man die Größe des Auftriebs errechnen, so muß man jetzt schreiben:

$$dA = (\gamma_l - \gamma_{gf}) \cdot dh$$

oder, weil γ_l konstant ist:

$$A = h \cdot \gamma_l - \int_0^h \gamma_{gf} \cdot dh.$$

Wäre die Abhängigkeit des Raumgewichts der Abgase von der Rohrlänge durch eine Gleichung gegeben, so ließe sich das Integral auswerten. Das Raumgewicht der Abgase ist aber eine Funktion der Abgastemperatur und die Abgastemperatur wieder eine Funktion der Rohrlänge, der Rohrweite, der durch das Rohr in der Zeiteinheit strömenden Abgasmenge, ferner des Wärmedurchgangs durch die Rohrwandungen und der Umgebungstemperatur. Bei dieser großen Anzahl von Abhängigkeiten ist die rechnerische Ermittlung der Abhängigkeit des Raumgewichts der Abgase von der Rohrlänge recht umständlich. Jedenfalls ist der Wert γ_{0f} als Funktion von h nicht durch eine einfache Gleichung darzustellen und aus diesem

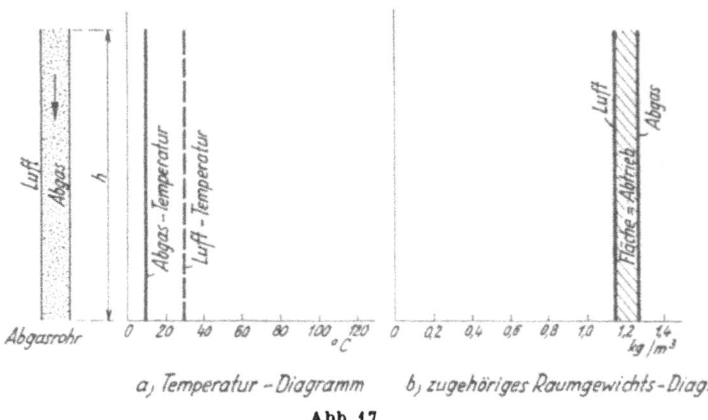

Abb. 17.

Grunde ist die zeichnerische Ermittlung des Auftriebs nach Abb. 16a und b stets vorzuziehen, zumal diese Methode auch viel übersichtlicher ist.

Wenn das Raumgewicht der Abgase gleich ist dem Raumgewicht der umgebenden Luft, so ist der Auftrieb Null; nach der zeichnerischen Methode gibt es dann keine Auftriebsfläche mehr. Ist aber das Raumgewicht der Abgase noch größer als das der umgebenden Luft, so verwandelt sich der in den beiden früheren Beispielen nach aufwärts gerichtete Auftrieb jetzt in einen nach abwärts wirkenden Abtrieb. Infolge des Abtriebs entsteht im Rohr eine nach abwärts gerichtete Strömung (ein Rückstrom). In Abb. 17a ist die Temperatur der Abgase tiefer als die der umgebenden Luft angenommen; demzufolge ist in Abb. 17b das Raumgewicht der

Abgase größer als das der Luft. Die zwischen den Raumgewichtsgeraden des Abgases und der Luft liegende Fläche ist wieder direkt ein Maß für die Größe des Abtriebs (Abtrieb kann als negativer Auftrieb aufgefaßt werden). Praktisch ist das Raumgewicht der Abgase in Abgasleitungen öfters größer als das Raumgewicht der umgebenden Luft, wenn z. B. bei einem plötzlichen Witterungsumschlag von kalt nach warm die Temperatur des Schornsteins (infolge seiner Trägheit bei Temperaturveränderungen) hinter der Temperatur der Außenluft zurückbleibt.

In einer Abgasleitung kann nicht nur Auftrieb oder nur Abtrieb allein bestehen, sondern es können Auftrieb und Abtrieb auch

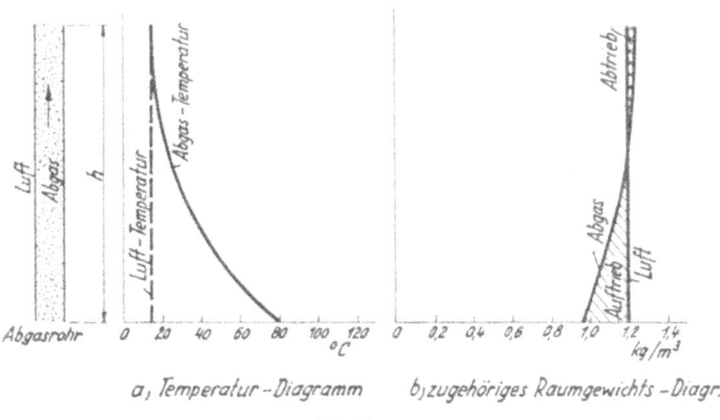

Abb. 18.

gleichzeitig in einer Abgasleitung auftreten. Praktisch kommt dies fast immer vor, wenn sich die Abgase in einer langen Abgasleitung auf die Temperatur der Außenluft abkühlen. Aus dem Vergleich der Raumgewichte von Luft und Abgasen (Abb. 14) geht hervor, daß bei gleicher Temperatur (zumal im Gebiet der niedrigen Temperaturen) die Abgase spezifisch schwerer sind als die Luft. Trägt man die zu den Temperaturen in Abb. 18a gehörenden Raumgewichte kurvenmäßig in das Diagramm Abb. 18b ein, so erkennt man, daß im unteren Teil des Abgasrohrs Auftrieb herrscht (einfach schraffierte Fläche), im oberen Teil aber Abtrieb (kreuzweise schraffierte Fläche). Ist der Auftrieb größer als der Abtrieb — was man ohne weiteres aus dem Vergleich der Größe der beiden Flächen erkennen kann —, so ist im Abgasrohr eine Strömung nach aufwärts; ist der Auftrieb aber gleich dem Abtrieb (sind die beiden Flächen also gleich groß), so ist die Abgassäule in Ruhe, weil Auftrieb und Abtrieb, in ihrer Wirkung gleich groß aber entgegengesetzt gerichtet, sich gegenseitig aufheben. Überwiegt aber der Abtrieb, so muß sich eine nach abwärts gerichtete Strömung (ein Rückstrom) einstellen.

Man könnte am Schluß dieses Abschnittes noch die Frage aufwerfen, ob das Raumgewicht der Außenluft sich nicht mit der Höhe über dem Erdboden ändere, weil doch der Luftdruck in höheren Schichten abnimmt, und ob diese Veränderung des Raumgewichts nicht von Einfluß auf die Größe des Auftriebs ist. Hierauf ist zu sagen, daß zwar 1 m Höhendifferenz eine Druckabnahme von 1,24 mm W.-S. ausmacht und daher die Ausmündung eines z. B. 10 m hohen Schornsteins unter einem 12,4 mm W.-S. geringeren absoluten Druck liegt als die Einmündung, daß aber die Abgase im Schornstein hinsichtlich der Druckabnahme den gleichen Bedingungen unterworfen sind wie die umgebende Luft. Durch diesen Umstand kommt ein Einfluß auf die Größe der Raumgewichtsdifferenz bzw. des Auftriebs nicht zustande; man braucht hierauf keine Rücksicht zu nehmen.

3. Äußere Druckeinflüsse.

Die Energiequelle für die Abgasströmung, die durch die Verschiedenheit der Raumgewichte von Abgasen und umgebender Luft gegeben ist und Auftrieb bzw. Abtrieb genannt wird, wird in der Praxis öfters ergänzt durch eine zweite Energiequelle, die durch äußere Druckdifferenzen gegeben ist. Steht die Umgebung der Einmündung eines beiderseitig offenen Rohres unter einem anderen Druck als die Umgebung der Ausmündung, so entsteht bekanntlich infolge des Druckunterschiedes eine Strömung im Rohr von dem Gebiet höheren Druckes nach dem Gebiet niedrigeren Druckes (Abb. 18c). Eine Abgasleitung ist natürlich in gleicher Weise solchen äußeren Druckeinflüssen ausgesetzt, da man es nicht immer verhindern kann, daß zwischen Einmündung und Ausmündung Druckdifferenzen auftreten. Diese Druckunterschiede haben die gleiche Bedeutung und gleiche Wirkung für die Abgasströmung wie der Auftrieb oder Abtrieb. Sie haben auch die gleiche Dimension (mm W.-S.) und ihre Werte können daher mit denen des Auf- oder Abtriebs stets direkt addiert und subtrahiert werden. Die Wirkungen überlagern sich also direkt. Beträgt beispielsweise der Auftrieb in einer Abgasleitung 2 mm W.-S. und besteht außerdem zwischen den Umgebungen der Ein- und Ausmündung derselben Abgasleitung eine Druckdifferenz von 1 mm W.-S., so steht dem Strömungsvorgang ein Betrag von $2 + 1 = 3$ mm W.-S. zur Verfügung, wenn die Druckdifferenz in gleicher Richtung arbeitet wie

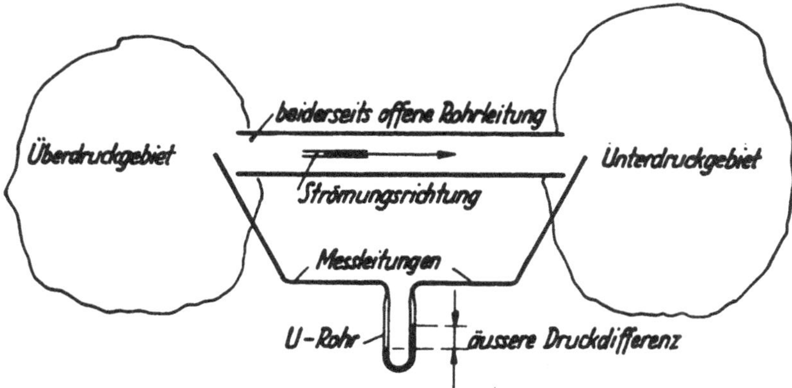

Abb. 18c. Das Wesenhafte äußerer Druckeinflüsse.

der Auftrieb, oder von $2 - 1 = 1$ mm W.-S., wenn die Druckdifferenz so beschaffen ist, daß sie dem Auftrieb entgegenarbeitet. Druckdifferenzen zwischen Ein- und Ausmündung der Abgasleitung, die die gleiche Strömungsrichtung der Abgase hervorrufen wie der Auftrieb allein — also einen von unten nach oben gerichteten Aufstrom — sind zugfördernde Druckdifferenzen; solche, die dem Auftrieb entgegenarbeiten, die für sich also eine Rückströmung in der Abgasleitung hervorrufen würden, sind zughemmende Druckdifferenzen.

Die Frage, wann zugfördernde oder zughemmende Druckdifferenzen entstehen, ist folgendermaßen zu beantworten: ein zugfördernder Druckunterschied ist allgemein dann vorhanden, wenn die Ausmündung der Abgasleitung in einem Unterdruckgebiet liegt oder die Einmündung in einem Überdruckgebiet liegt. Da zugfördernde Druckdifferenzen die Abgasströmung unterstützen und günstig beeinflussen, kann von ihrer Erörterung abgesehen werden; denn auf die Unterstützung der Abgasströmung durch zugfördernde Druckdifferenzen wird praktisch kein Wert gelegt, weil diese zusätzliche Energie ganz unregelmäßig und nur zeitweise auftritt und daher wegen ihrer Unzuverlässigkeit auch bei der Projektierung von Abgasleitungen als nützliche Triebkraft nicht in Rechnung gestellt werden kann. Anders verhält es sich mit zughemmenden Druckdifferenzen, mit denen man als lästige Störenfriede in der Praxis zu rechnen hat und die deshalb bekämpft werden müssen. Ein zughemmender Druckunterschied ist allgemein dann vorhanden, wenn die Ausmündung der Abgasleitung in einem Überdruckgebiet oder die Einmündung in einem Unterdruckgebiet liegt. Wann und wodurch entsteht nun Überdruck in der Umgebung der Ausmündung oder Unterdruck in der Umgebung der Einmündung?

Überdruck in der Umgebung der Ausmündung kann folgende Ursachen haben:

1. Der Wind bläst in die Ausmündung der Abgasleitung, wobei sich durch die Abbremsung der Windgeschwindigkeit in der Ausmündung der Abgasleitung selbst Überdruck bildet.

2. In der Nähe der Ausmündung der Abgasleitung sind Hindernisse (Wände usw.), vor denen sich der Wind staut und infolge der Stauung ein Überdruckgebiet schafft, in dem die Ausmündung liegt.

3. Die Abgasleitung endigt in einem Raum (z. B. Dachboden), der Überdruck hat.

Unterdruck in der Umgebung der Einmündung kann folgende Ursachen haben:

1. Der Raum, aus dem die Abgasleitung weggeführt ist, steht ganz unter Unterdruck. Dieser Unterdruck kann hervorgerufen sein durch Absaugung der Raumluft mittels Ventilatoren (starke Entlüftung) oder dadurch, daß der Wind bei der Umströmung von Gebäuden örtliche Unterdruckgebiete an der Außenseite der Gebäude hervorruft und der Unterdruck sich auch in das Innere der Gebäude bzw. in den Raum fortpflanzt, aus dem die Abgasleitung fortgeführt ist.

2. In einem hohen geheizten Raum ist bekanntlich am Fußboden Unterdruck, unter der Decke Überdruck; zwischen beiden liegt die »neutrale Zone«. Hat die Abgasleitung unterhalb der neutralen Zone ihren Anfang, so liegt die Einmündung um so mehr im Unterdruck, je näher sie am Fußboden liegt.

Um das Auftreten von zughemmenden Druckdifferenzen zu vermeiden, braucht nur dafür gesorgt zu werden, daß in der Ausmündung der Abgasleitung oder in der unmittelbaren Umgebung der Ausmündung kein Überdruck vorhanden ist, ferner daß in der unmittelbaren Umgebung der Einmündung kein Unterdruck vorhanden ist. Die Maßnahmen, die man bei den vorhin genannten fünf Fällen zu treffen hat, sind folgende:

a) Überdruck an der Ausmündung:

1. Bei Auftreten von Überdruck in der Ausmündung durch ungünstigen Windanfall auf die Ausmündung: Die Ausmündung wird durch Anbringen einer Windschutzhaube gegen ungünstigen Windanfall geschützt. Die Konstruktion und Arbeitsweise einer guten Windschutzhaube[1]) muß so beschaffen sein, daß kein Überdruck in der Ausmündung der Abgasleitung entsteht, wenn die Haube aus irgendeiner Richtung (von oben, seitlich oder von unten) angeblasen wird. Meistens verursachen die Hauben bei Anströmung sogar Unterdruck in der Ausmündung der Abgasleitung, erzeugen also eine zugfördernde Druckdifferenz und unterstützen auf diese Weise die Abgasabführung. Die hierdurch möglicherweise vorübergehend hervorgerufene Steigerung der sonst von der Abgasleitung abgeführten Abgasmenge wirkt nicht ungünstig auf die angeschlossenen Gasgeräte, weil diese durch vorhandene Zugunterbrecher — vgl. Abschnitt 10 — gegen Zugschwankungen geschützt sind. Es kann aber eine stärkere Abführung von Raumluft durch den Unterbrecher und die Abgasleitung eintreten; es gibt Fälle, bei denen die stärkere Entlüftung des Raumes unangenehm empfunden wird. Daß eine Windschutzhaube den aus der Abgasleitung ausströmenden Abgasen möglichst wenig Widerstand bieten soll, ist wohl eine selbstverständliche Forderung, die hier nicht weiter begründet zu werden braucht.

---

[1]) Vergl. „Versuche über die Wirkung von Saugern“ von Prof. Rietschel in der Zeitschrift: „Gesundheits-Ingenieur“ Heft 29 v. J. 1906.

2. Bei der Lage der Ausmündung der Abgasleitung im Staudruckgebiet vor Hindernissen: Verlängerung der Abgasleitung, bis die Ausmündung außerhalb des Staudruckgebietes in den freien Luftstrom zu liegen kommt.

3. Bei Lage der Ausmündung der Abgasleitung in einem Raum, der Überdruck hat: Entweder ausreichende Entlüftung des Raumes, so daß der Überdruck verschwindet, oder Verlegung der Ausmündung der Abgasleitung in den freien Windstrom (Hochführung der Abgasleitung über Dachfirst).

b) Unterdruck im Aufstellungsraum:

1. Ist der Unterdruck durch starke Entlüftung (durch Ventilatoren) hervorgerufen, dann ist der Raum genügend zu belüften bzw. die Entlüftung in eine Belüftung zu verwandeln. Entsteht der Unterdruck durch Wind, der das Gebäude umströmt, dann sind die gegen den Wind gerichteten Fenster od. dgl. zu öffnen, die dem Wind abgewandten Fenster zu schließen (Verwandlung von Unterdruck im Aufstellungsraum in Überdruck).

2. Der unterhalb der neutralen Zone vorhandene Unterdruck in einem geheizten Raum hat für die Abgasabführung nur dann beachtliche Nachteile, wenn der Raum sehr hoch ist (Theater, Treppenhaus usw.), das Gasgerät in der Nähe des Fußbodens aufgestellt ist und die Abgasleitung schon in geringer Höhe über dem Gerät durch die Außenwand des Raumes ins Freie geführt ist. Als Abhilfemaßnahme gegen die Einwirkung dieser zughemmenden Druckdifferenz ist zu empfehlen: entweder die Einleitung der Abgase in Schornsteine, die über Dach gehen, oder die Hochführung der Abgasleitung bis zur Decke des Raumes und Durchführung der Abgasleitung an dieser höchsten Stelle des Raumes durch die Außenwand (Lage der Zugunterbrechung etwa in Höhe oder oberhalb der neutralen Zone) oder Verwendung von Gasgeräten mit geschlossenem Flammenraum (Verbrennungsluft aus dem Freien, nicht aus dem Raum nehmen).

4. Zusammenwirken von thermischen und Druckeinflüssen bei der Abgasabführung.

Auftrieb und Abtrieb kann man zu dem Sammelbegriff »thermische Einflüsse« zusammenfassen, weil beide Erscheinungen im

Wesen gleichartig sind, nämlich auf Raumgewichtsdifferenzen zwischen Luft und Abgasen beruhen und die Raumgewichtsdifferenzen in der Hauptsache auf die Verschiedenheit der Temperaturen bzw. Wärmeinhalte der beiden Medien zurückzuführen sind. Als Triebkräfte für eine Bewegung der Abgase stehen daher einerseits die thermischen Einflüsse (nämlich Auftrieb und Abtrieb), andererseits die

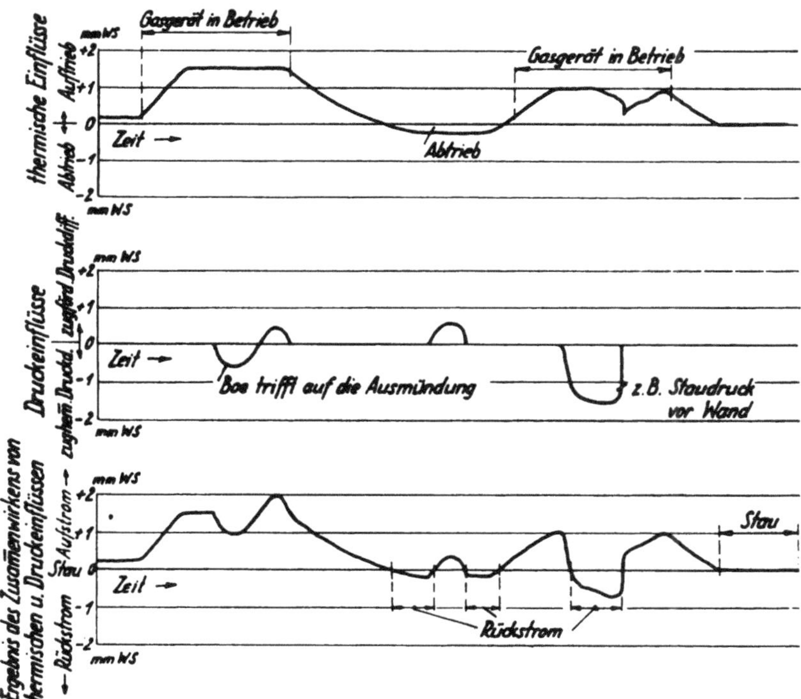

Abb. 19. Zusammenwirken von thermischen und Druckeinflüssen.

äußeren Druckeinflüsse (nämlich zugfördernde und zughemmende Druckdifferenz) zur Verfügung. Beide Einflüsse sind von gleicher Dimension mm W.-S. und können sich in ihrer Wirkung überlagern. Beim Zusammenwirken der thermischen und Druckeinflüsse kann für die Bewegung der Abgase in der Abgasleitung nur folgendes Resultat herauskommen:

1. Die Abgase werden in Richtung nach der Ausmündung der Abgasleitung bewegt. (Dieser Bewegungszustand ist früher oft mit »Zug« bezeichnet worden, obwohl sich hier die Begriffe nicht ganz decken; besser ist etwa der in dieser Abhandlung schon öfter gebrauchte Ausdruck »Aufstrom«, den ich hierfür in Vorschlag gebracht habe — vgl. »Begriffserklärungen«.)

2. Die Abgase bleiben in Ruh. (Dieser Zustand soll nach Herkömmlichem noch mit »Stau« bezeichnet werden, obwohl man sonst unter »Stau« nur die Abbremsung einer Flüssigkeitsbewegung durch ein Hindernis versteht und bei einem bewegungslosen Zustand nicht immer von »Stau« sprechen kann.)

3. Die Abgase strömen in Richtung nach der Einmündung, also umgekehrt, wie erwünscht (Rückstrom).

In Abb. 19 ist versucht, das Zusammenwirken von thermischen und Druckeinflüssen graphisch darzustellen: im oberen Diagramm sei der zeitliche Verlauf der in einer Rohrleitung wirksamen thermischen Einflüsse durch den eingezeichneten Kurvenzug wiedergegeben. Im mittleren Diagramm seien die auf dieselbe Rohrleitung von außen wirkenden Druckeinflüsse — abhängig von der Zeit — dargestellt. Im unteren Diagramm ist dann die Überlagerung der in den vorhergehenden Diagrammen einzeln wiedergegebenen Einflüsse, d. h. der zeitliche Verlauf der für die Abgasströmung letzten Endes maßgebenden Triebkräfte veranschaulicht. Man kann den Kurvenzug im unteren Diagramm auch als resultierende Wirkung aus den Einflüssen des oberen und mittleren Diagramms ansehen. Selbstverständlich kann die ganze Darstellung Abb. 19 nur als Schema zur Veranschaulichung der Vorgänge dienen, wie sie sich in Wirklichkeit bei der Abgasabführung abspielen. Es sei betont, daß im unteren Diagramm der Abb. 19 nur die jeweilige Größe der resultierenden Triebkräfte dargestellt ist, als deren Folge ein Aufstrom (Zug), ein Ruhezustand (Stau) oder ein Rückstrom im Rohr entsteht, daß aber die nach der einen oder anderen Richtung strömenden Abgasmengen von dem freien Querschnitt des betreffenden Rohres, von den vorhandenen Strömungswiderständen und natürlich auch von der augenblicklichen Größe der wirksamen Triebkräfte abhängig sind.

In Abb. 20 ist das Zusammenwirken von thermischen und Druckeinflüssen nochmals, jedoch in anderer Art veranschaulicht:

In einem Koordinatenkreuz sind aufgetragen auf der Ordinaten die thermischen Einflüsse (oberhalb des Nullpunkts der Auftrieb, unterhalb der Abtrieb), auf der Abszisse die Druckeinflüsse (rechts vom Nullpunkt die zugfördernde, links die zughemmende Druckdifferenz). Sämtliche denkbaren Fälle für das Zusammenwirken von thermischen und Druckeinflüssen sind im Diagramm enthalten:

Zusammenwirken von Auftrieb und zugförderndem Druckunterschied im oberen rechten Quadranten,
Zusammenwirken von Auftrieb und zughemmendem Druckunterschied im oberen linken Quadranten,
Zusammenwirken von Abtrieb und zughemmendem Druckunterschied im unteren linken Quadranten,
Zusammenwirken von Abtrieb und zugförderndem Druckunterschied im unteren rechten Quadranten.

Das Ergebnis aus diesem Zusammenwirken kann Aufstrom, Ruhezustand oder Rückstrom sein; man findet das Ergebnis im Diagramm, indem man von dem in einem Quadranten gefundenen Punkt unter

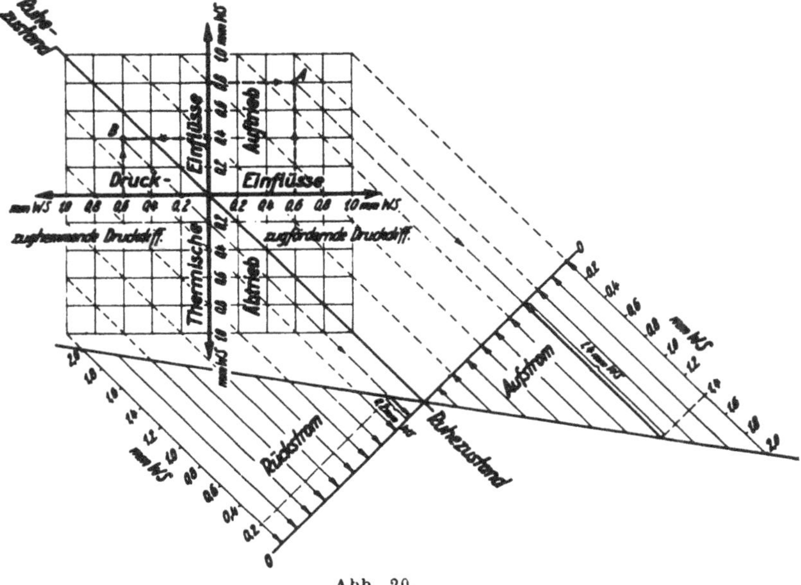

Abb. 20.

einem Winkel von 45° nach rechts unten parallel zu den gestrichelten Geraden geht und dann dem Diagramm halb rechts unten das Ergebnis für die Strömung entnimmt, nämlich die Größe und Richtung der Triebkraft für die Abgasströmung. Wirkt z. B. in einer Abgasleitung ein Auftrieb von 0,8 mm W.-S. und besteht zwischen Ein- und Ausmündung derselben Abgasableitung gleichzeitig ein zugfördernder Druckunterschied von 0,6 mm W.-S., so findet man im oberen rechten Quadranten den Punkt *A* (vgl. Abb. 20). Geht man vom Punkt *A* parallel zu den gestrichelten Geraden in das rechts unten gelegene Diagramm, so findet man als Ergebnis, daß unter den genannten Bedingungen ein Aufstrom (Zug) im Rohr stattfindet und daß die treibende Kraft für diesen Strömungsvorgang (0,8 + 0,6 =) 1,4 mm W.-S. beträgt. Bei beliebiger Kombination von thermischen und Druckeinflüssen kann man die aus den verschiedenen Einflüssen jeweils resultierende Triebkraft nach Größe und Richtung mit Hilfe der Abb. 20 leicht überblicken.

5. Die Umsetzung der Auftriebsenergie beim Strömungsvorgang der Abgase.

Die bei der Umsetzung von Auftriebsenergie in Strömungsenergie auftretenden Erscheinungen, insbesondere das Auftreten von Druckdifferenzen, die zwischen den in den Geräten oder Abgasleitungen vorhandenen Abgasen und der umgebenden Luft infolge der Widerstände im Gerät bzw. in der Abgasleitung festgestellt werden, werden bisher auch von der Mehrzahl der Fachleute noch durchaus unrichtig erfaßt. Ich führe als Beleg dafür nur folgende Stellen aus einigen Veröffentlichungen hier an, die wegen ihres sonstigen Inhaltes das Interesse des Faches wohl beanspruchen dürften:

»Durch den Unterschied des spez. Gewichtes zwischen Abgas und Außenluft entsteht ein Unterdruck im Schornstein, der mit entsprechenden Instrumenten in mm W.-S. gemessen werden kann.«

Eine Stelle aus einer anderen Veröffentlichung lautet z. B.:

»Die Stärke des Schornsteinzuges rührt von dem Unterschied des Luftdruckes her (die Luft bewegt sich stets von der Stelle des barometrischen Maximum auf dem kürzesten Wege zu der des Minimum). Dieser Unterschied des Luftdruckes ergibt sich, wenn das Gewicht der warmen Abgassäule vom Gewicht einer gleich großen Säule frischer Luft abgezogen wird...«

Stellen aus einer anderen Veröffentlichung lauten z. B.:

»Der Auftrieb wirkt zugfördernd, der Abtrieb zughemmend... Ist der Druck unten in der Abgasleitung größer als der Druck an der Ausmündung, so wird durch den Druckunterschied ein Auftrieb eintreten. Ist aber der Druck an der Abgasleitung unten kleiner als oben an der Ausmündung, so besteht ebenfalls ein Druckunterschied, bei dem aber die Abgase nach dem Gerät zuströmen wollen. Es wird ein Abtrieb eintreten... (Die heißen Abgase haben infolge des Auftriebs das Bestreben, nach aufwärts zu steigen.) Hierbei entwickelt sich infolge ihrer Geschwindigkeit eine Auftriebskraft, die auch Strömungsenergie genannt wird.«

Die Zahl derartiger Stellen aus der Fachliteratur ließe sich noch beliebig vergrößern. Das Angeführte genügt aber wohl schon, um darzutun, daß viele Autoren durchaus unklare, verworrene oder falsche Begriffe und Vorstellungen vom Wesen der Abgasabführung haben. Ein Aufkommen falscher oder phantastischer Ideen läßt sich am besten durch eine wissenschaftlich begründete und sonst einwandfreie Darstellung der Vorgänge begegnen, die vielleicht zunächst etwas schwerer zu erfassen ist, aber dann den Vorteil hat, daß man nach völliger Erfassung der physikalischen Vorgänge die bei der Abgasabführung auftretenden Fragen der Praxis nun viel leichter und richtig behandeln und erledigen kann.

Der Fehler, der am meisten gemacht wird, besteht in der Auffassung, daß »Zug« gleichbedeutend sein soll mit dem Vorhandensein von Unterdruck unten im Schornstein und daß der Strömungsvorgang infolge des Druckunterschiedes zustande kommt, der zwischen dem Aufstellungsraum (= höherer Druck) und dem Schornsteininneren (= niedriger Druck) besteht. Das stimmt nicht; denn jeder muß mir recht geben, daß — wenn die Druckdifferenz allein maßgebend für den Strömungsvorgang oder die Strömungsrichtung wäre — die Luft ja leichter von oben in den Schornstein eintreten und nach der Stelle des niedrigen Druckes (also z. B. in den Raum über dem Brennstoffbett eines Kohlenofens) strömen würde, als daß sie den viel beschwerlicheren Weg durch das Brennstoffbett nimmt. Man verkennt bei dem durch Auftrieb verursachten Strömungsvorgang noch allgemein die Tatsache, daß bei Auftrieb Unter- oder Überdruck im Schornstein nur durch Strömungswiderstände verursacht wird und die so entstandenen Unter- oder Überdrücke nicht maßgebend für die Strömungsrichtung im Schornstein sind. Man darf hiermit nicht verwechseln die schon behandelten äußeren Druckdifferenzen, die z. B. zwischen der Umgebung der Schornsteinausmündung und dem Aufstellungsraum des Geräts (Umgebung der Schornsteineinmündung) bestehen (vgl. Abb. 18c). Für diese gilt das Gesetz, daß die Luft oder das Abgas stets aus dem Gebiet höheren Druckes nach dem Gebiet niedrigen Druckes abströmen will. Die irrige Vorstellung, daß allgemein bei Vorhandensein von Auftrieb automatisch stets Unterdruck unten im Schornstein auftreten muß, rührt wohl daher, daß bei Feuerungen mit festen Brennstoffen durch den großen Widerstand des Brennstoffbettes ein Unterdruck über der Brennstoffschicht hervorgerufen wird. Dieser Unterdruck ist zudem durchaus kein verläßliches Maß für die Größe der Triebkraft im Schornstein, sondern ist ein Maß für den Widerstand des Brennstoffbettes bei der betreffenden Luftmenge, die das Brennstoffbett durchsetzt. Das Auftreten von Unterdruck über der Brennstoffschicht bei Feuerungen mit festen Brennstoffen ist wohl die Ursache dafür, daß viele das Wesen des Auftriebs mit diesem Unterdruck identifizieren und diese Erscheinung verallgemeinern. Diese Auffassung ist falsch; denn fällt z. B. der Widerstand des Brennstoffbettes fort (z. B. bei Gasfeuerstätten), so ist auch kein Unterdruck im Schornstein vorhanden, lediglich sonst noch vorhandene Einzelwiderstände (z. B. scharfe Knie) sind dann maßgebend für den Druckverlauf im Schornstein. Bei dem durch Auftrieb verursachten Strömungsvorgang strömt sogar das Abgas von einem Gebiet niedrigen Druckes in ein Gebiet höheren Druckes (z. B. ist in einem gasbeheizten Warmwasserbereiter über dem Brenner ein Druck von etwa $\pm$ 0, im Oberteil des Geräts aber ein verhältnismäßig großer Überdruck — vgl. Abb. 35 und 36; die Verbrennungsprodukte bewegen sich im Gerät trotzdem in Richtung nach dem höheren Druck). Von der Vorstellung, daß Zug und Unterdruck identisch sind und daß der Strömungsvorgang etwa infolge der im Schornsteininnern auftretenden Druckdifferenzen verursacht wird, muß man sich vollständig frei machen.

Im Mittelpunkt aller Erörterungen über Abgasabführung muß nach meiner Ansicht die Umsetzung der Auftriebsenergie in Strömungsenergie bei Vorhandensein von Strömungswiderständen stehen. Alles andere gruppiert sich um dieses Zentrum herum (z. B. Störungen durch Windeinflüsse usw.). Man kann diese verschiedenen störenden Einflüsse bei der Abgasabführung nicht richtig beurteilen, wenn man nicht vorher das Kernproblem ganz erfaßt hat und beherrscht. In einer früheren Arbeit über »Auftriebsverhältnisse bei Feuerungen« habe ich die Umsetzung der Auftriebsenergie beim Strömungsvorgang der Abgase und die dabei auftretenden Erscheinungen bereits eingehend behandelt. Im folgenden soll dasselbe Problem nochmals kurz behandelt werden, aber diesmal in einer anderen Art, die für manche vielleicht verständlicher sein wird als in der genannten Arbeit. (Beide Wege führen natürlich zum gleichen Ziel.) Wer die folgenden Ausführungen in diesem Abschnitt sich zu eigen gemacht hat, kann meines Erachtens nicht so konfus über Abgassachen denken, wie dies etwa in den oben angeführten Literaturausschnitten zum Ausdruck kommt.

Die Grundgleichung für den Strömungsvorgang, dessen Energiequelle der Auftrieb ist, lautet:

$$h\,(\gamma_l - \gamma_{gf}) = \frac{w^2}{2g}\gamma_{gf} + l \cdot R + \Sigma Z \quad . \; . \; . \; . \quad \text{Gl. 46)}$$

Sie besagt, daß die vorhandene Auftriebsenergie teils in Strömungsenergie (kinetische Energie oder lebendige Kraft) umgewandelt und teils zur Überwindung der Rohrreibung und etwaiger Einzelwiderstände aufgebraucht wird. Der Anteil der Auftriebsenergie, der für Rohrreibung und Einzelwiderstände aufgebraucht wird, setzt sich in Wärme um (erhöht die Temperatur der Abgase minimal); der Anteil, der in kinetische Energie umgesetzt ist, bleibt den Abgasen auch nach Verlassen des Rohres als lebendige Kraft erhalten, die sich jedoch nach Verlassen des Rohres bei der Mischung mit der umgebenden Luft in Wirbelungen rasch verzehrt. Dieselbe Gl. 46) gilt auch für den Strömungsvorgang infolge von Abtrieb. Spielen äußere Druckeinflüsse (zugfördernde Druckdifferenzen $= + \Delta p$, zughemmenden Druckdifferenzen $= - \Delta p$) mit hinein, so lautet die allgemeine Gleichung:

$$h\,(\gamma_l - \gamma_{gf}) \pm \Delta p = \frac{w^2}{2g}\gamma_{gf} + l \cdot R + \Sigma Z \quad . \; . \; . \quad \text{Gl. 48)}$$

Die Gl. 46) und 48) sagen nur etwas über das Endergebnis der Energieumsetzung aus, geben aber keine Auskunft über etwaige Zwischenstadien; aber gerade die Verfolgung der einzelnen Phasen des Umsatzprozesses von Auftriebsenergie bei der Abgasströmung gestattet erst die bei der Abgasabführung auftretenden Erscheinungen, insbesondere Druckänderungen der Abgase zu erklären. Warum z. B.

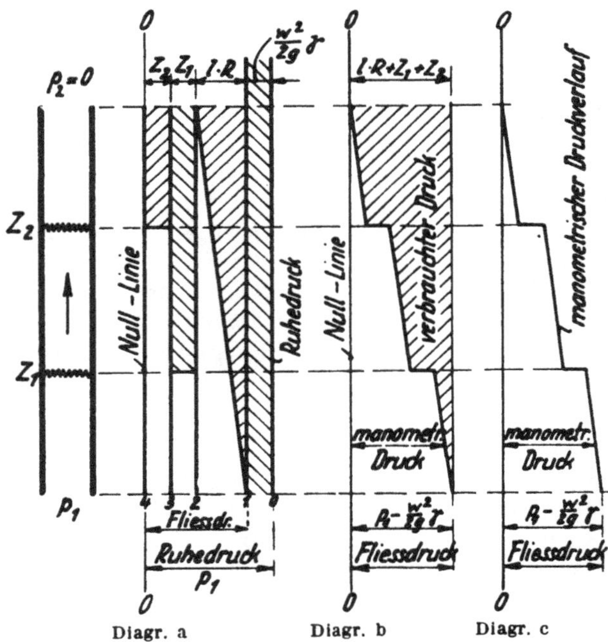

Abb. 21. Umsatzprozeß bei einem durch Druckdifferenz hervorgerufenen Strömungsvorgang (Ermittlung des manometrischen Druckverlaufs).

aus einer Öffnung in der Abgasleitung die Abgase austreten und bei einer anderen Öffnung die Luft von außen in die Abgasleitung eintritt, ist nur verständlich, wenn man über den Ablauf des Umsatzprozesses Bescheid weiß.

Zum leichteren Verständnis der graphischen Methode, die später zur Darstellung des Umsatzprozesses beim Strömungsvorgang durch Auftrieb angewandt wird, soll zunächst der Umsatzprozeß bei einem nur durch äußere Druckdifferenz hervorgerufenen Strömungsvorgang behandelt werden. In dem Rohr der Abb. 21 seien an den angedeuteten Stellen zwei Einzelwiderstände Z_1 und Z_2 vorhanden, ferner herrsche in der Nähe der Rohreinmündung (unten) ein Überdruck p_1 mm W.-S. und in der Nähe der Ausmündung (oben) der geringere Druck p_2 mm W.-S.; der Einfachheit halber soll $p_2 = 0$ angenommen werden. Infolge der Druckdifferenz $\Delta p = p_1 - p_2 = p_1$ zwischen Ein- und Ausmündung entsteht im Rohr ein Strömungsvorgang nach oben. p_1 ist der Ruhedruck, d. h. der Druck, der von einem Manometer angezeigt würde, wenn das Gas im Rohr nicht strömen würde, wenn man also z. B. das Rohr an der Ausmündung abdecken würde. Der Ruhedruck p_1 würde dann (bei abgedecktem Rohr) an allen Stellen im Rohr herrschen; d. h. im Diagramm a der Abb. 21 ist der Ruhedruck als eine Parallele zu der Nullinie zu zeichnen. Strömt aber das Gas im Rohr, so herrscht in der Einmündung nicht mehr der Ruhedruck p_1, sondern ein um den dynamischen Druck $\frac{w^2}{2g}\gamma$ geringerer Druck. Dieser vom Manometer angezeigte (= manometrische) Druck $p_1 - \frac{w^2}{2g}\gamma$ ist der Fließdruck am Anfang des Rohres, der sich infolge von Rohrreibung und Einzelwiderständen bis zur Ausmündung verbraucht. In der Ausmündung ist der manometrische Druck Null (bzw. p_2). Um nun den Verlauf des manometrischen Druckes des Gases von der Einmündung bis zur Ausmündung des Rohres zu bekommen, ist folgender Weg einzuschlagen: im Diagramm a ist unten der Ruhedruck 0—4, ferner der um den dynamischen Druck 0—1 verringerte Ruhedruck, d. h. also der Fließdruck 1—4 im Eingang des Rohres dargestellt. Die Beträge, die zur Überwindung der Rohrreibung 1—2 und der Einzelwiderstände 2—3 bzw. 3—4 gebraucht werden, sind im einzelnen ausgeschieden. Der zur Überwindung der Rohrreibung notwendige Betrag 1—2 wird allmählich auf der ganzen Rohrlänge verbraucht; erst am Ende des Rohres ist er ganz aufgebraucht. Der Betrag 2—3 zur Überwindung von Z_1 wird erst in der Höhenlage von Z_1, der Betrag 3—4 zur Überwindung von Z_2 wird erst an der Stelle, wo Z_2 liegt, verbraucht. Zur Kennzeichnung dessen, daß die ursprünglich als Druck vorhandenen Beträge an den betreffenden Stellen verbraucht werden, d. h. die ursprüngliche Druckenergie an den betreffenden Stellen als solche verschwindet und sich in Wärmeenergie umgesetzt hat, sind die einzelnen Druckbeträge **nach** dem Verbrauch jeweils durch Schraffur hervorgehoben. Das Diagramm a wird durch diese Erklärungen verständlich sein. Das Diagramm b unterscheidet sich vom Diagramm a nur dadurch, daß im Diagramm b der Verbrauch an Druckenergie so veranschaulicht ist,

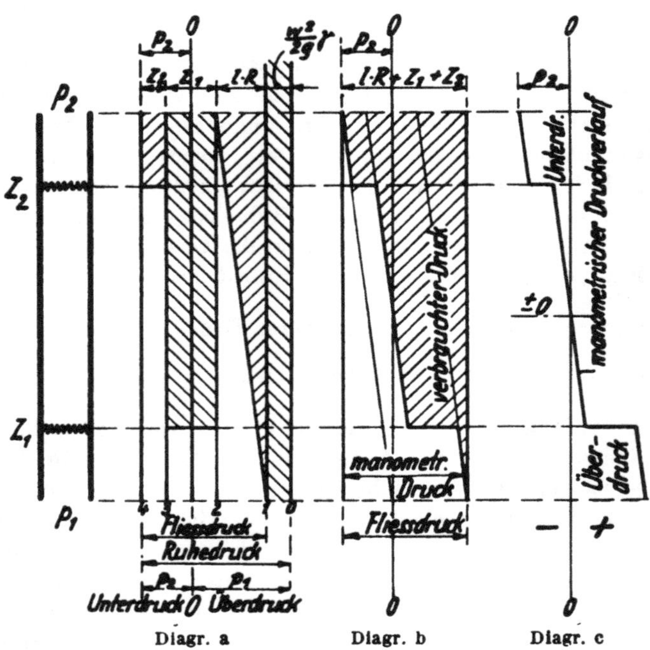

Abb. 22. Ermittlung des manometrischen Druckverlaufs.

wie er in richtiger Reihenfolge von der Rohreinmündung bis zur Rohrausmündung tatsächlich stattfindet: von dem anfangs vorhandenen Fließdruck wird auf der Rohrstrecke bis Z_1 ein gewisser Teil für Rohrreibung verbraucht, bei Z_1 der betreffende Betrag für Z_1. auf der Rohrstrecke zwischen Z_1 und Z_2 wieder ein Teilbetrag für Rohrreibung, bei Z_2 der Betrag für Z_2 und auf der Strecke von Z_2 bis zur Ausmündung der Restbetrag für Rohrreibung. Man sieht aus Diagramm b, wieviel von dem anfangs vorhandenen Fließdruck nach einer gewissen Rohrlänge noch vorhanden ist, und übersieht den Verlauf des manometrischen Drucks über die ganze Rohrlänge, der im Diagramm c der Deutlichkeit halber nochmal allein für sich herausgezeichnet ist.

In dem Beispiel nach Abb. 21 war angenommen, daß der Druck p_2 an der Ausmündung Null ist; der Druck p_2 kann natürlich auch ein Überdruck oder Unterdruck sein, wenn z. B. die Ausmündung des Rohres in einem geschlossenen Raum liegt, der gegenüber dem Atmosphärendruck Überdruck oder Unterdruck hat. In Abb. 22 ist der Fall dargestellt, daß p_2 ein Unterdruck ist. Wie ersichtlich, steht das Rohr teilweise unter Überdruck und teilweise unter Unterdruck. Die Stelle, an der der Überdruck im Rohr in Unterdruck übergeht, kann als neutrale Zone bezeichnet werden.

In den Abb. 21 und 22 sind die einzelnen Beträge für Rohrreibung und für die Einzelwiderstände beliebig angenommen; in Summa müssen sie natürlich den Fließdruck ergeben. Wie groß der einzelne Betrag im Verhältnis zum anderen Betrag bei einem Strömungsvorgang tatsächlich ist, wird in den folgenden Abschnitten 6 und 8 dargelegt. Hier kommt es zunächst nur auf die Methode der Darstellung des Umsatzprozesses an.

Wer den bisherigen Erörterungen über die Ermittlung des manometrischen Druckverlaufs bei einem durch äußere Druckdifferenzen hervorgerufenen Strömungsvorgang im einzelnen gefolgt ist, dem wird es nicht schwer fallen, auch den nächsten Schritt zur Ermittlung des manometrischen Druckverlaufes bei einem durch den Auftrieb hervorgerufenen Strömungsvorgang zu tun. Auf einen wichtigen Unterschied kommt es dabei an: Bei dem Fall einer Strömung infolge einer Druckdifferenz zwischen Eingang und Ausgang des Rohres würde der Ruhedruck bei geschlossenem Ausgang (d. h. einer Geschwindigkeit Null) im ganzen Rohr gleich groß sein. Die Ruhedruckkurve stellt sich dar als eine Gerade, die parallel zur Nullinie verläuft — vgl. Abb. 23 Diagramm a. Andere Verhältnisse ergeben sich, wenn Auftriebskräfte vorhanden sind. Deckt man ein senkrechtes Rohr, in welchem sich spezifisch leichtere Gase befinden, oben ab, so haben die Gase unten am Anfang des Rohres den Druck der umgebenden Luft, also weder Über- noch Unterdruck; dieser Punkt liegt auf der Nullinie (Abb. 23, Diagramm b). Der Druck der Gase im abgedeckten Rohr nimmt infolge des Auftriebs proportional mit der Rohrhöhe zu und erreicht am oberen Rohrende als Überdruck seinen größten Wert, der $h\,(\gamma_l - \gamma_{gf})$ mm W.-S. beträgt. Deckt man aber das mit leichten Gasen angefüllte Rohr nicht oben sondern unten ab (oben ist es offen), so ist im Ausgang der Druck Null, der Unterdruck nimmt proportional mit abnehmender Rohrhöhe zu und erreicht unten am abgedeckten Rohranfang den größten Unterdruck vom Betrage $h\,(\gamma_l - \gamma_{gf})$ mm W.-S.

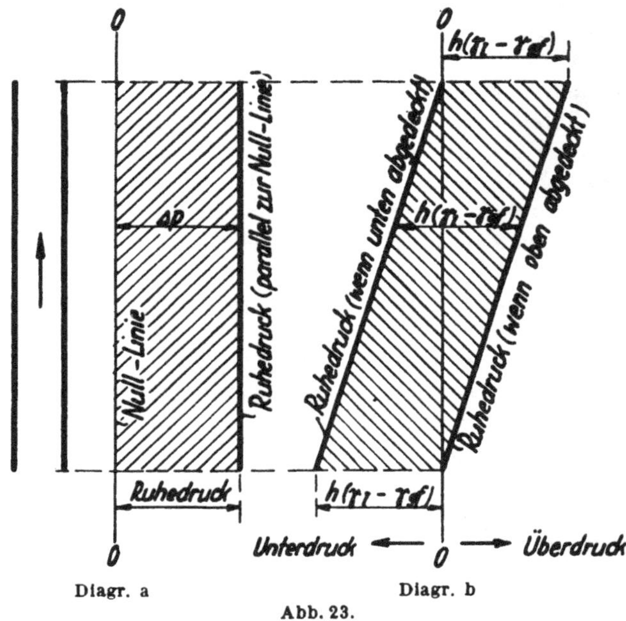

Diagr. a Diagr. b

Abb. 23.

Die sich hierbei ergebende Ruhedruckkurve ist ebenfalls geneigt gegen die Nullinie. Man hat also zwei geneigte Ruhedruckkurven: eine rechte, die im Überdruckgebiet liegt, und eine linke im Unterdruckgebiet. Sie laufen parallel zueinander in einer horizontal gemessenen Entfernung von $h\,(\gamma_l - \gamma_{gf})$ mm W.-S. In dem schraffierten Streifen, der im Diagramm a parallel zur Nullinie, im Diagramm b aber geneigt zur Nullinie verläuft, spielt sich der Umsatzprozeß jeweils ab, und zwischen den beiden den schraffierten Streifen begrenzenden Ruhedruck- oder Grenzkurven liegt die Kurve des manometrischen Druckverlaufs des strömenden Gases. Der manometrische Druckverlauf im Diagramm b der Abb. 23 wird sonst genau so ermittelt wie in Abb. 21 und 22 gezeigt ist. Abb. 24 zeigt nochmals deutlich die Gegenüberstellung der beiden Fälle: Diagramm a und b bei Vorhandensein einer reinen Druckdifferenz zwischen Ein- und Ausgang des Rohres, Diagramm c, d und e bei Vorhandensein eines Auftriebs im Rohr. Obwohl in beiden Fällen die gleiche Kraft Δp bzw. $h (\gamma_l - \gamma_{gf})$, ferner die gleiche Lage und Größe der Einzelwiderstände und die gleiche Rohrreibung angenommen sind, ist der manometrische Druckverlauf im Rohr bei Vorhandensein von Auftrieb (also nach Diagramm e) ein ganz anderer als bei Vorhandensein einer äußeren Druckdifferenz (also nach Diagramm b). Das Rohr steht bei Vorhandensein von Auftrieb streckenweise unter Überdruck, streckenweise unter Unterdruck — wie in Abb. e angezeigt. Die Druckverlaufskurve schneidet mehrfach die Nullinie, während bei Vorhandensein einer äußeren Druckdifferenz (Diagramm b) der manometrische Druckverlauf je nach den Widerständen einfach abnimmt, also sich stets der Nullinie nähert bzw. diese nur einmal schneidet (wenn $p_2 < 0$).

Die örtliche Lage der Einzelwiderstände im Rohr ist entscheidend für den manometrischen Druckverlauf. Mit Hilfe der angegebenen Methode ist es möglich, alle Erscheinungen bei einem durch Auftrieb hervorgerufenen Strömungsvorgang zu erklären[1]).

Der Verlauf der Ruhe-Druck- oder Grenzkurven bei Vorhandensein von Auftrieb bedarf noch einer Erörterung, die die Verhältnisse mehr vom allgemeinen Standpunkt aus betrachtet. Trägt man — wie schon früher dargelegt — die Raumgewichte der Luft und der Abgase, abhängig von der Rohrhöhe, in ein Diagramm, so ist die zwischen den beiden Raumgewichtslinien gelegene Fläche direkt ein Maß für den Auftrieb. Ist γ_{gf} über die Rohrlänge konstant — wie in Abb. 25 Diagramm a angenommen —, so ist die Fläche ein Rechteck; sie ist durch Schraffur hervorgehoben. Stellt

[1]) Beispiele für die Anwendung des Druckdiagramms finden sich in großer Zahl in dem Buch „Auftriebsverhältnisse bei Feuerungen, unter besonderer Berücksichtigung der Gasfeuerstätten" von Schumacher. 1929. Verlag Oldenbourg, München.

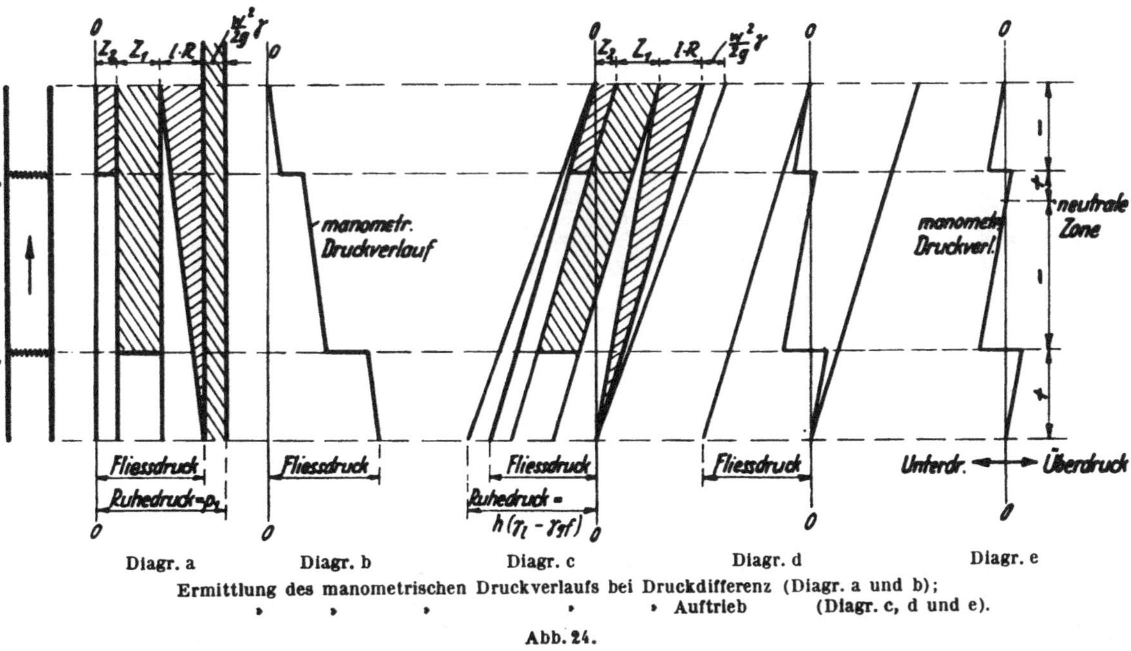

Diagr. a Diagr. b Diagr. c Diagr. d Diagr. e

Ermittlung des manometrischen Druckverlaufs bei Druckdifferenz (Diagr. a und b);
» » » » Auftrieb (Diagr. c, d und e).

Abb. 24.

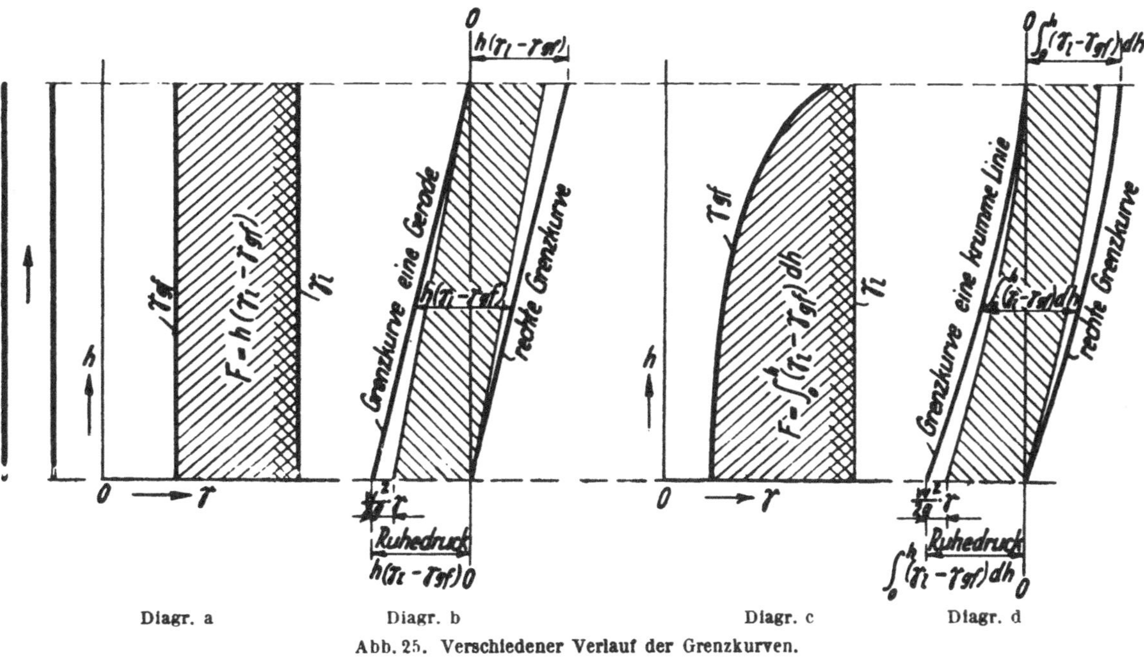

Abb. 25. Verschiedener Verlauf der Grenzkurven.

man den Inhalt der schraffierten Fläche abhängig von der Rohrhöhe dar (vgl. Diagramm b der Abb. 25), so ergibt sich eine Gerade, die oben an der Nullinie beginnt und unten in einem Abstand $h(\gamma_l - \gamma_{gf})$ von der Nullinie endet (linke Grenzkurve). Umgekehrt kann man den von der Rohrlänge abhängigen Flächeninhalt der Fläche auch von unten her beginnend darstellen, dann liegt der untere Punkt der rechten Grenzkurve auf der Nullinie (vgl. Diagramm b) und endet oben im Abstand $h(\gamma_l - \gamma_{gf})$ von der Nullinie. Die Grenzkurven sind in diesem Falle Gerade, weil die schraffierte Fläche im Diagramm a regelmäßig gebaut ist. Zieht man von der insgesamt schraffierten Fläche im Diagramm a die entsprechende Fläche für den Teilbetrag des dynamischen Druckes $\frac{w^2}{2g}\gamma_{gf}$ ab (das ist die kreuzweise schraffierte Fläche im Diagramm a) und stellt den Inhalt der restlichen Fläche abhängig von der Rohrhöhe dar, so bekommt man im Diagramm b die dünn ausgezogenen Geraden, zwischen denen der manometrische Druckverlauf des strömenden Gases liegen muß.

Ist γ_{gf} nicht konstant über die Rohrlänge, wie das in der Praxis wohl meistens der Fall ist (vgl. Diagramm c), und stellt man den Inhalt der zwischen den Raumgewichtskurven gelegenen Fläche wieder abhängig von der Rohrhöhe dar (Diagramm d), so sind die Grenzkurven krumme Linien. Allgemein sind die Grenzkurven die Integrationskurven der Auftriebsflächen; die zeichnerische Ermittlung der Grenzkurve geschieht nach bekannten Methoden in der Weise, daß man die ganze Auftriebsfläche durch horizontale Teilung in eine Anzahl kleiner Flächen zerlegt, diese Einzelflächen planimetriert, die zahlenmäßigen Werte der Flächeninhalte der Einzelflächen nacheinander addiert, die jeweilige Summe dann links bzw. rechts von der Nullinie aufträgt und durch die Punkte die gesuchte Grenzkurve legt. Dasselbe wiederholt man an der um die kreuzweise schraffierte Fläche verringerten Fläche. Die Ermittlung des manometrischen Druckverlaufs in einem Fall, wie in Abb. 25 Diagramm d dargestellt, geschieht sonst in derselben Weise wie in Abb. 24 Diagramm c, d und e gezeigt.

Bei der Abgasabführung wirken oft neben dem Auftrieb auch äußere Druckeinflüsse noch mit und für solche Fälle soll die Ermittlung des manometrischen Druckverlaufs in der Ab-

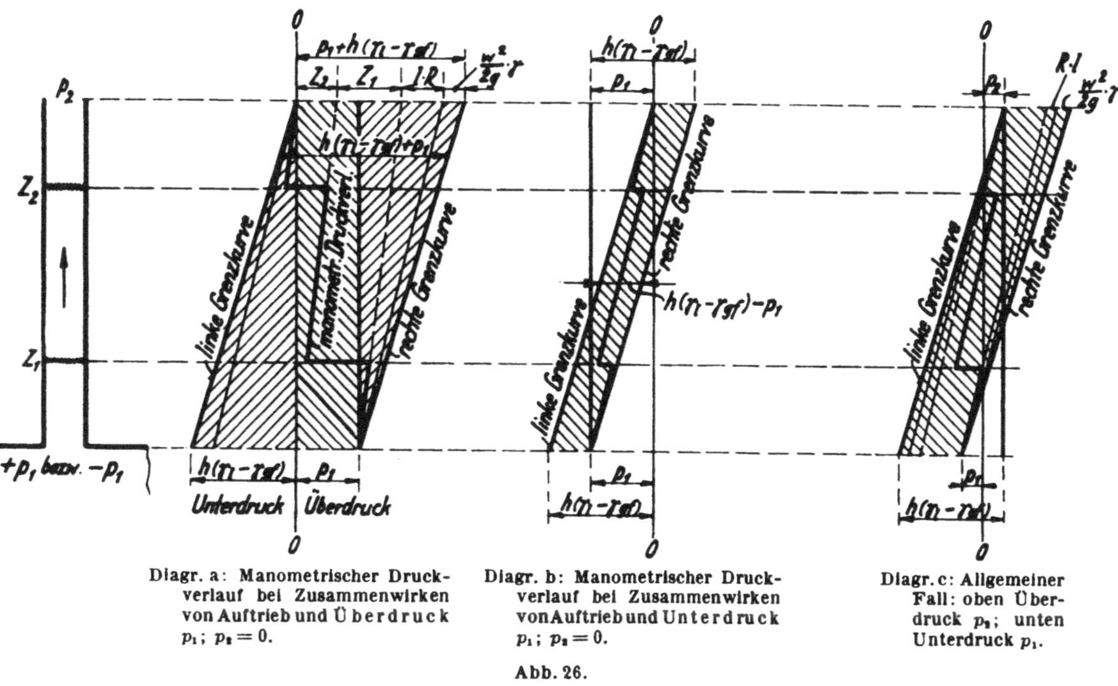

Diagr. a: Manometrischer Druckverlauf bei Zusammenwirken von Auftrieb und Überdruck p_1; $p_2 = 0$.

Diagr. b: Manometrischer Druckverlauf bei Zusammenwirken von Auftrieb und Unterdruck p_1; $p_2 = 0$.

Diagr. c: Allgemeiner Fall: oben Überdruck p_2; unten Unterdruck p_1.

Abb. 26.

gasableitung im folgenden dargelegt werden. Die Abgasleitung sei entsprechend der Skizze der Abb. 26 aus einem Raum fortgeführt, der unter einem Überdruck oder einem Unterdruck von p_1 mm W.-S. stehe gegenüber der umgebenden Luft (= Nulldruck oder Bezugsdruck); in der Abgasleitung wirke außerdem ein Auftrieb von $h\,(\gamma_l - \gamma_{gf})$ mm W.-S.

Ist im Raum ein Überdruck p_1 mm W.-S., so addieren sich die Wirkungen des Überdrucks (= zugfördernder Druckdifferenz) und des Auftriebs; dieser Fall ist im Diagramm a der Abb. 26 dargestellt. Es kommt darauf an, zunächst die Grenzkurven zu finden. Der Verlauf des manometrischen Druckes bei strömendem Gas, abhängig von der Rohrlänge, liegt dann zwischen den Grenzkurven und wird in gleicher Weise gefunden wie schon früher öfter dargelegt ist. Über den Verlauf der Grenzkurven verschafft man sich die beste Klarheit, wenn man sich den Druckverlauf im Rohr vorstellt, wenn das Rohr einmal oben abgedeckt ist — dann ergibt sich die rechte Grenzkurve — oder unten abgedeckt ist — dann ergibt sich die linke Grenzkurve. Bei oberer Abdeckung des Rohres herrscht am oberen Rohrende der Überdruck p_1 mm W.-S. und außerdem der durch den Auftrieb hervorgerufene Überdruck $h\,(\gamma_l - \gamma_{gf})$ mm W.-S., am unteren Rohrende wäre nur der Überdruck p_1 vorhanden. Bei unterer Abdeckung des Rohres würde am unteren Rohrende ein Unterdruck von $h\,(\gamma_l - \gamma_{gf})$ mm W.-S. sein, am oberen ein Druck $\pm$ 0 mm W.-S.

Für die zeichnerische Ermittlung der Grenzkurven kann man sich folgende allgemeine Regel merken: Die linke Grenzkurve beginnt stets oben in dem Punkt, der dem Druck in der Umgebung der Ausmündung entspricht (im Sonderfall ist dieser Druck Null und der Punkt liegt dann auf der Nullinie) und endet unten in einer Entfernung $h\,(\gamma_l - \gamma_{gf})$ mm W.-S. von der Geraden, die durch obigen Punkt parallel zur Nullinie gezogen wird. Die rechte Grenzkurve beginnt analog unten in dem Punkt, der dem Druck in der Umgebung der Einmündung entspricht (im Sonderfall ist dieser Druck Null und der Punkt liegt dann auf der Nulllinie) und verläuft dann stets im gleichen Abstand — auf der Horizontalen gemessen — von der linken Grenzkurve.

Die weitere Ermittlung des manometrischen Druckverlaufs dürfte aus Diagramm a Abb. 26 ohne weiteres verständlich sein. Diagramm b Abb. 26 stellt die Verhältnisse dar, wenn statt des Überdrucks p_1

ein Unterdruck im Raum herrscht. Dabei ist angenommen, daß der Auftrieb der gleiche ist wie im Diagramm a und der Unterdruck zahlenmäßig den gleichen Wert hat wie der Überdruck im Diagramm a. Über die Lage und Ermittlung der Grenzkurven braucht nach dem Vorhergegangenen kaum noch etwas gesagt zu werden. Würde der Unterdruck p_1 gleich groß sein wie der Auftrieb, so fiele die rechte Grenzkurve auf die linke Grenzkurve, d. h. die zughemmende Druckdifferenz wäre gleich dem Auftrieb, die Geschwindigkeit im Abgasrohr wäre Null (es herrscht Stau) und die Kurve des manometrischen Druckverlaufs würde sich mit den zusammengefallenen Grenzkurven decken. Diagramm c stellt noch den Fall dar, daß unten ein Unterdruck p_1, oben ein Überdruck p_2 ist und im Rohr der Auftrieb $h\,(\gamma_l - \gamma_{gf})$ wirkt.

Wer sich der geringfügigen Mühe unterzieht, an einem selbst gewählten Beispiel die in diesem Abschnitt erläuterte Methode anzuwenden, wird einsehen, wie instruktiv eine solche Arbeit für die ganze Beurteilung von Abgasfragen ist. Die hier gewählten Beispiele mußten aus Gründen der Klarheit und Übersichtlichkeit einfach sein; es steht nichts im Wege, auch sehr komplizierte Fälle nach gleichen Methoden zu behandeln, insbesondere auch die Auftriebsverhältnisse in den Gasgeräten selbst.

6. Strömungswiderstände.

Die Strömungswiderstände bei der Abgasabführung sind die Rohrreibung und die Einzelwiderstände.

Zur Berechnung der Größe der Rohrreibung in Blechrohren oder in Rohren von etwa der gleichen Rauheit der Innenwände kann folgende Formel benutzt werden (vgl. »Rietschel«).

$$R = 5{,}66\,\frac{w^{1{,}924}}{d^{1{,}281}} \cdot \gamma_{gf}^{\,0{,}852} \text{ mm W.-S. pro lfd. m Rohrlänge} \quad \text{Gl. 49)}$$

worin

w m/s die Geschwindigkeit,

d mm der Rohrdurchmesser,

γ_{gf} kg/m³ das Raumgewicht der Abgase.

Eine Veränderung von γ_{gf} hat nur einen sehr geringen Einfluß auf den Wert R. Setzt man daher für γ_{gf} hier den mittleren Wert 0,8 kg/m³ (das ist das Raumgewicht der feuchten Abgase bei 150° C)

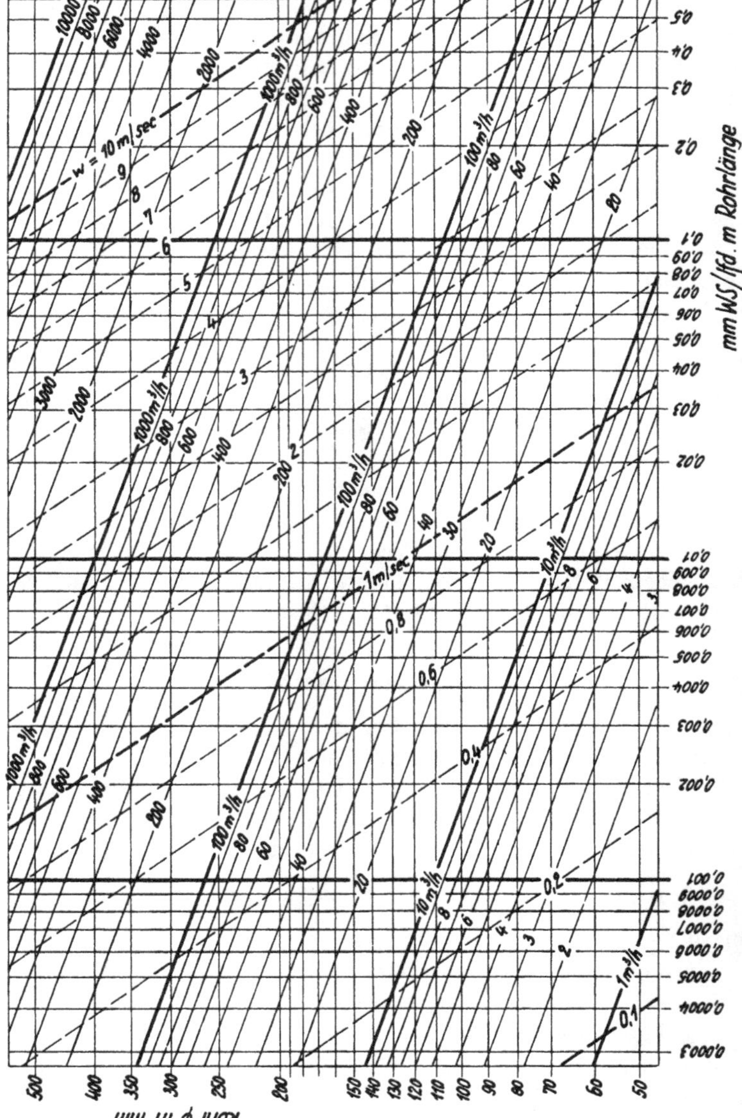

Abb. 27. Rohrreibung R in mm WS pro lfd. m Rohrlänge für Abgase mit $\gamma_{gf} = 0{,}8$ kg/m³.

und ersetzt man die Geschwindigkeit w durch das stündliche Abgasvolumen Q nach der Gleichung

$$\frac{d^2\pi}{4} \cdot 10^{-6} \cdot w \cdot 3600 = Q \text{ m}^3/\text{h},$$

so geht Gl. 49) in folgende Form über:

$$R = 377\,500 \frac{Q^{1,924}}{d^{5,129}} \text{ mm W.-S. pro l. m Rohrlänge} \quad . \quad . \quad \text{Gl. 50)}$$

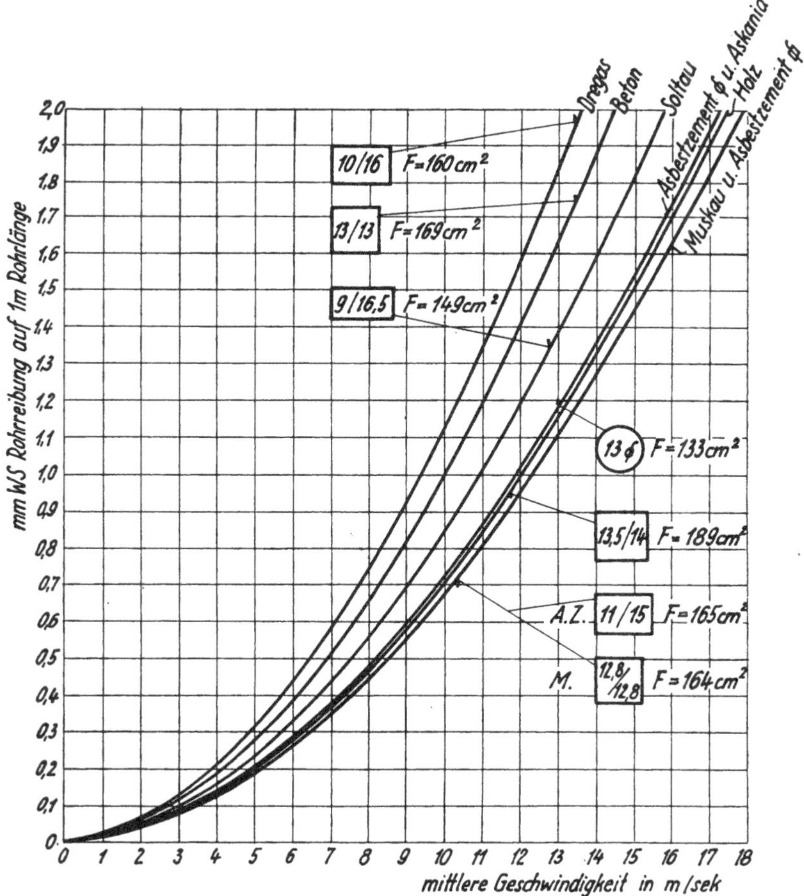

Abb. 28 a. Rohrreibung in Abgasrohren bei verschiedenen Abgasgeschwindigkeiten.

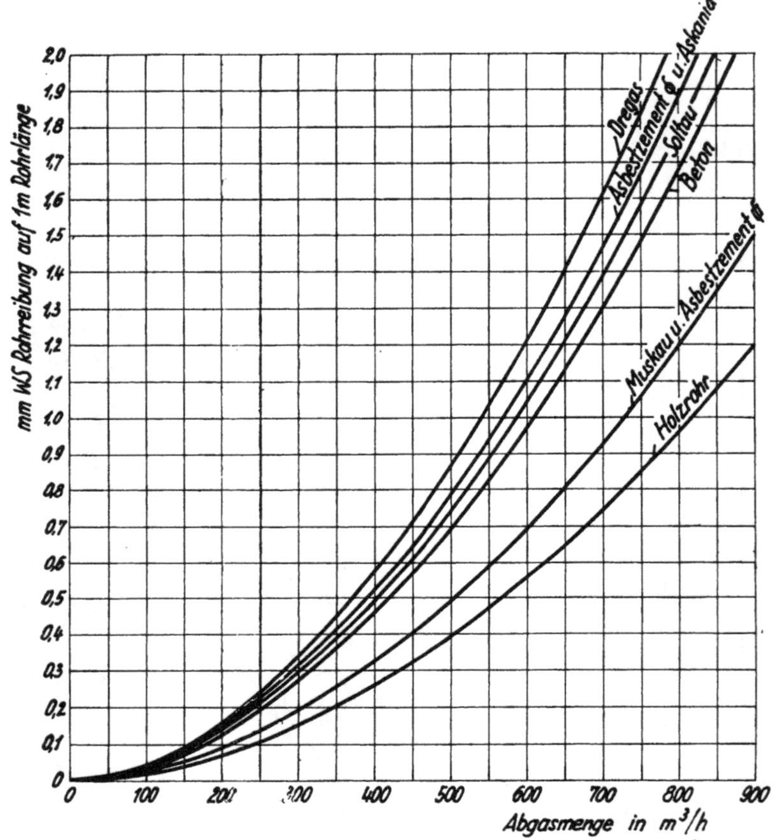

Abb. 28 b. Rohrreibung in Abgasrohren bei verschiedenen Abgasmengen.

Die Werte für R lassen sich aus dem Diagramm Abb. 27 entnehmen. Da dieses sowohl das stündliche Abgasvolumen als auch die Abgasgeschwindigkeit enthält, kann man das Diagramm außer zur Bestimmung von R auch zur Ermittlung von w, wenn Q und d gegeben, oder von Q benutzen, wenn w und d gegeben sind.

Gl. 50) bzw. Diagramm Abb. 27 bezieht sich zunächst auf r u n d e Rohre mit glatter Innenwand. Bei Rohren mit quadratischem oder rechteckigem Querschnitt mit den Seiten m und n mm ist ein gleichwertiger Innendurchmesser d_m nach der Formel

$$d_m = \frac{2 \cdot m \cdot n}{m + n} \text{ mm} \quad \ldots \ldots \ldots \quad \text{Gl. 51)}$$

zu bestimmen; die Rechteckrohre entsprechen hinsichtlich der Rohrreibung einem Ersatzrundrohr vom Durchmesser d_m mm.

Bei Kanälen mit rauher Innenwand (z. B. bei gemauerten Kanälen) sind die aus Gl. 50) bzw. Diagramm Abb. 27 gewonnenen R-Werte zu verdoppeln.

Abb. 28a und 28b enthalten einige Ergebnisse von Versuchen, die vom Gaswerk München zur Ermittlung der Rohrreibung bei üblichen Abgasrohren durchgeführt wurden. Die Innenabmessungen und die Querschnittsformen der untersuchten Rohre gehen aus den Skizzen auf Abb. 28a hervor. Die Versuche wurden mit Luft von 1,15 kg/m³ Raumgewicht ausgeführt.

Die Rohrreibung ist wegen der geringen Abgasgeschwindigkeit (etwa 2 m/s) unbedeutend und kann vielfach ganz vernachlässigt werden. Sie ist nicht nur absolut, sondern auch relativ zum vorhandenen Auftrieb meist sehr klein.

Viel wichtiger sind die Einzelwiderstände in Abgasleitungen, da zu ihrer Überwindung der größte Teil (etwa 60 bis 90 %) der Auftriebsenergie aufgezehrt wird und ihre örtliche Lage maßgebenden Einfluß auf den Verlauf des manometrischen Druckes in der Abgasleitung ausübt. Die Größe der Einzelwiderstände Z wächst etwa quadratisch mit der Abgasgeschwindigkeit und wird berechnet nach der Formel

$$Z = \zeta \frac{w^2}{2g} \gamma_{gf} \text{ mm W.-S.} \quad \ldots \ldots \quad \text{Gl. 52)}$$

worin ζ ein Koeffizient für die Art des Einzelwiderstandes (z. B. eines Rohrbogens, eines Rohrknies od. dgl.) ist. Aus Abb. 29 sind die ζ-Werte für einige Arten von Einzelwiderständen und die Größe der Einzelwiderstände bei verschiedenen Abgasgeschwindigkeiten zu entnehmen. Hierbei ist ein mittleres Raumgewicht der Abgase von 0,8 kg/m³ zugrunde gelegt. Weicht das Raumgewicht der Abgase sehr von 0,8 kg/m³ ab, so sind die aus Abb. 29 ermittelten Werte von Z noch mit $\frac{\gamma_{gf}}{0,8}$ zu multiplizieren. Bei der Betrachtung von Einzelwiderständen in Abgasrohren darf man den Eintrittswiderstand

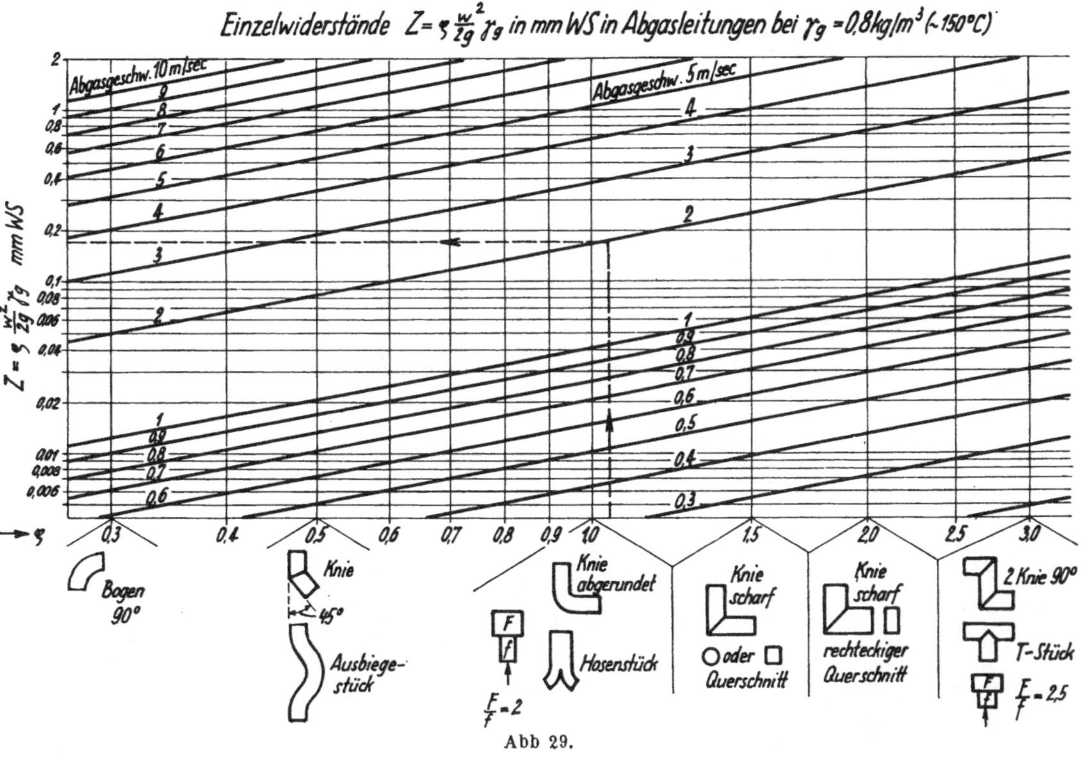

Einzelwiderstände $Z = \zeta \frac{w^2}{2g} \gamma_g$ in mm WS in Abgasleitungen bei $\gamma_g = 0{,}8\,kg/m^3$ (~150°C)
Abgasgeschw. 10 m/sec
Abgasgeschw. 5 m/sec
$Z = \zeta \frac{w^2}{2g} \gamma_g$ mm WS
2
1
0,8
0,6
0,4
0,2
0,1
0,08
0,06
0,04
0,02
0,01
0,008
0,006
ζ
0,3
0,4
0,5
0,6
0,7
0,8
0,9
1,0
1,5
2,0
2,5
3,0
Bogen 90°
Knie 45°
Ausbiege-stück
$\frac{F}{f} = 2$
Knie abgerundet
Hosenstück
Knie scharf
oder Querschnitt
Knie scharf
rechteckiger Querschnitt
2 Knie 90°
T-Stück
$\frac{F}{f} = 2{,}5$

Abb 29.

(d. i. der Widerstand beim Eintritt der Abgase in ein Rohr) nicht vergessen, dessen ζ-Wert zwischen 1,7 und 2,4 liegt, wobei 1,7 für Rohre mit etwa 160 mm Dmr., 2,4 für Rohre mit etwa 60 mm Dmr. gilt.

7. Temperaturveränderungen der Abgase in Abgasleitungen.

Die Temperatur der durch eine Rohrleitung strömenden Abgase nimmt in den allermeisten Fällen ab und nur ganz selten tritt mal eine Zunahme ein, wenn z. B. die Abgasleitung unmittelbar neben einer anderen Abgasleitung liegt und in dieser Abgase von bedeutend höherer Temperatur vorhanden sind. Bei der Abkühlung der Abgase in Rohrleitungen oder Kanälen hat man zwei Fälle zu unterscheiden: einmal, wenn z. B. bei Inbetriebsetzung eines Gasgeräts die vom Gerät abgestoßenen warmen Abgase in die kalte Abgasleitung gelangen und ein Teil des Wärmeinhalts der Abgase zur Aufladung des Materials mit Wärme verloren geht; der zweite Fall liegt dann vor, wenn nach Erreichung des Beharrungszustandes ein ständiger gleichmäßiger Wärmestrom von den warmen Abgasen durch die Wandungen der Abgasleitung an die umgebende kältere Luft stattfindet. Da Gasgeräte vielfach nur kurzzeitig benutzt werden, die Abgase daher bei Inbetriebsetzung eines Geräts jedesmal eine bis auf Umgebungstemperatur ausgekühlte Abgasleitung vorfinden, soll die Wärmeaufnahmefähigkeit (Wärmekapazität) der Abgasleitungen gering sein, damit durch die Aufladung des Baustoffes mit Wärme den Abgasen möglichst wenig Wärme entzogen wird und ein genügend kräftiger Auftrieb gerade bei Beginn des Strömungsvorgangs vorhanden ist. Der Wärmedurchgang durch die Wandungen der Abgasleitungen an die umgebende Luft ist durch zweckmäßige Wahl des Baustoffes ebenfalls soweit wie möglich einzuschränken, weil der Wärmeinhalt der Abgase infolge des hohen Wirkungsgrades der häuslichen Gasgeräte an und für sich schon gering ist.

Die Wärmekapazität einer Abgasleitung ist gekennzeichnet durch das Produkt Gewicht (kg/m) mal spezifische Wärme des Baustoffes. Die spezifische Wärme von Eisen ist 0,115, von Holz[1]) 0,65

[1]) Holz, das mit den Feuerschutzmitteln Intrammon oder Intravan der I. G. Farbenindustrie A.G. imprägniert ist, kann als feuerhemmend angesehen werden.

Zahlentafel 6.

Baustoff	Abmessungen in cm innen	Abmessungen in cm außen	Gewicht G kg/m	spez. Wärme c	Wärmekapazität G · c kcal/°C m	Abgasgeschw. m/s	k
Eisenblechrohr (rund)	13	13,1	2,09	0,115	0,24	2,34	5,5
doppelwand. Isolierrohr v. Askania (rund)	13	16	5,33	0,115	0,62	1,89	2,26
Holzrohr (vierkant)	13,5/14	17/18	6,04	0,650	3,92	1,47	2,85
Asbestzementrohr (rund)	13	14,5 bis 15,5	7,12	0,2	1,42	1,90	5,1
desgl. (vierkant)	11/15	12,5/16,5	5,95	0,2	1,19	1,62	4,73
Muskauer Tonrohr (vierkant)	12,8/12,8	17,5/17,5	25,0	0,2	5,0	1,51	4,9
Soltau-Tonrohr (vierkant) vollwandig	9/16,5	13/20	22,2	0,2	4,44	1,7	5,37
Soltau-Tonrohr (vierkant) doppelwandig m. Luftisolation	10/12,5	15,8/18,5	21,9	0,2	4,38	1,68	3,25
Dregasrohr (vierkant)	10/16	15/21	32,5	0,2	6,48	1,65	5,33

und der übrigen hier in Frage kommenden Baustoffe etwa 0,2. Die Zahlentafel 6 und die Abb. 30 geben Aufschluß über die Wärmekapazität einiger gebräuchlicher Abgasleitungen.

Der Wärmedurchgang von den Abgasen durch die Wandung der Abgasleitung an die umgebende Luft hängt ab von der Größe der Oberfläche F m² (bzw. vom Durchmesser d m und der Länge l m) der Abgasleitung, ferner von der in der Zeiteinheit durchströmenden Abgasmenge Q m³/h, von der mittleren Temperaturdifferenz zwischen Abgasen (t_g^0 C) und Außenluft (t_l^0 C) und von dem Material der Wandung, das durch die Wärmedurchgangszahl k kcal/m² · h · °C charakterisiert ist. Bezeichnet noch J kcal den Wärmeinhalt von 1 m³ Abgas und C_p dessen spezifische Wärme und bedenkt man, daß die Verringerung des Wärmeinhalts der Abgase im Rohr stets gleich ist dem Wärmedurchgang durch die Wandung, so besteht zwischen beiden die Beziehung:

$$1.\ dJ = Q \cdot C_p \cdot dt_g \text{ kcal/h}$$

$$2.\ dJ = dF \cdot k\,(t_g - t_l) \text{ kcal/h}$$

Daraus ergibt sich:

$$Q \cdot C_p \cdot dt_g = dF \cdot k\,(t_g - t_l)$$

$$\int_{t_{ge}}^{t_{ga}} \frac{dt_g}{(t_g - t_l)} = \int dF\,\frac{k}{Q \cdot C_p}$$

$$ln\,(t_{ga} - t_l) - ln\,(t_{ge} - t_l) = F\,\frac{k}{Q \cdot C_p} = \frac{d \cdot \pi \cdot l \cdot k}{Q \cdot C_p}\,{}^{0}\text{C.} \quad . \quad . \quad . \quad . \quad \text{Gl. 53)}$$

Hierin bezeichnet t_{ga} die Abgastemperatur am Anfang des Rohres, t_{ge} desgleichen am Ende. Die Zahlenwerte für F (bzw. d und l) und t_l und t_{ga} sind meist gegeben; ferner ist der Gasverbrauch V Nm³/h bekannt, so daß sich die Abgasmenge Q nach der Gleichung $Q = V \cdot Q_f$ m³/h errechnet; hierin ist Q_f der nach Gl. 24) bzw. 24b S. 23 zu bestimmende Wert. C_p ergibt sich aus Gl. 26) S. 25. t_{ge} ist die gesuchte Abgastemperatur am Rohrende. Die Temperatur im Rohr verläuft nach einer logarithmischen Linie. Der Wärmedurchgangs-

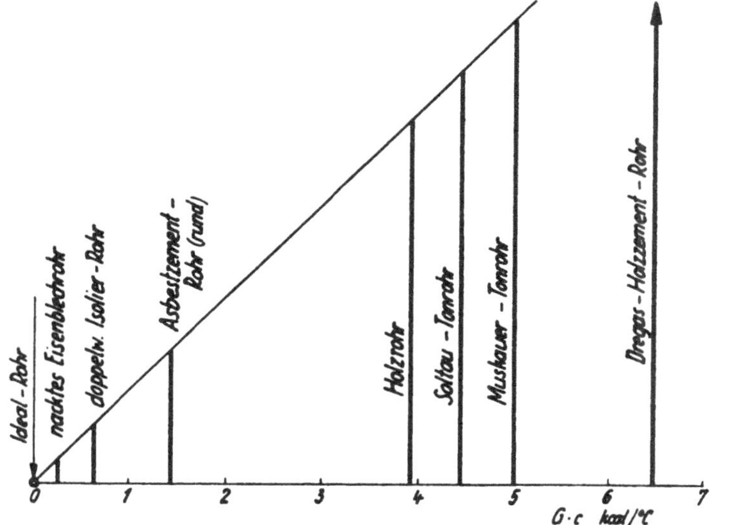

Abb. 30. Bildliche Darstellung der Bewertung verschiedener Abgaskanäle nach der Wärmekapazität.

koeffizient k hängt außer vom Material und der Dicke der Wandung auch von der Abgasgeschwindigkeit im Rohr ab; ist k_1 der Koeffizient bei der Abgasgeschwindigkeit w_1 m/s, so ist der Koeffizient k_2 bei der Geschwindigkeit w_2 $k_2 = k_1 \left(\frac{w_2}{w_1}\right)^n$, worin n den Zahlenwert 0,4 bis 0,5 hat. Die Versuche, die das Gaswerk München über den

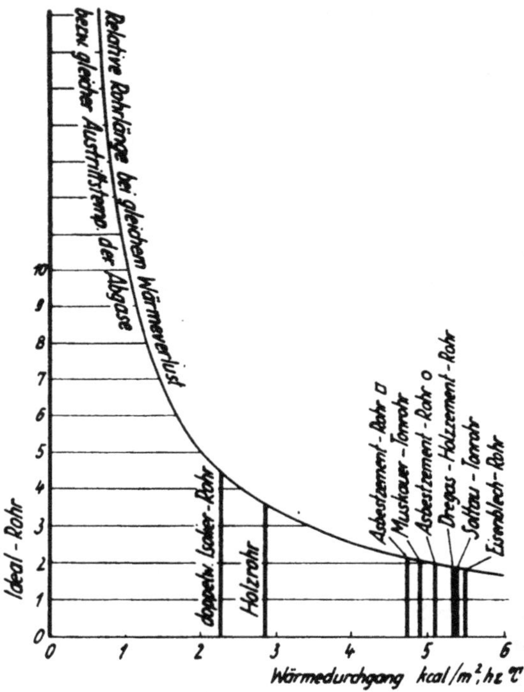

Abb. 31. Bildliche Darstellung der Bewertung verschiedener Abgaskanäle nach dem Wärmedurchgang.

Wärmedurchgang bei Abgasleitungen anstellte, führten zu den in Zahlentafel 6 bzw. Abb. 31 angegebenen k-Werten. Die Werte ergaben sich an Leitungen von 5 m Länge bei Abgasmengen von etwa 90 bis 100 m³/h (feucht, 100° C) bzw. bei den in Zahlentafel 6 hinzugefügten Abgasgeschwindigkeiten und bei Abgastemperaturen am Rohreingang von etwa 150° C. Bei der Berechnung der k-Werte aus den Versuchsaufschreibungen ist die innere Rohroberfläche zugrunde gelegt[1]).

Die durch Wärmekapazität und -durchgang verursachten Wärmeverluste der Abgase erfolgen bei Inbetriebnahme einer Abgasleitung zeitlich nicht nacheinander, sondern gehen ineinander über derart, daß anfangs die Verluste infolge der Aufladung des Rohrmaterials

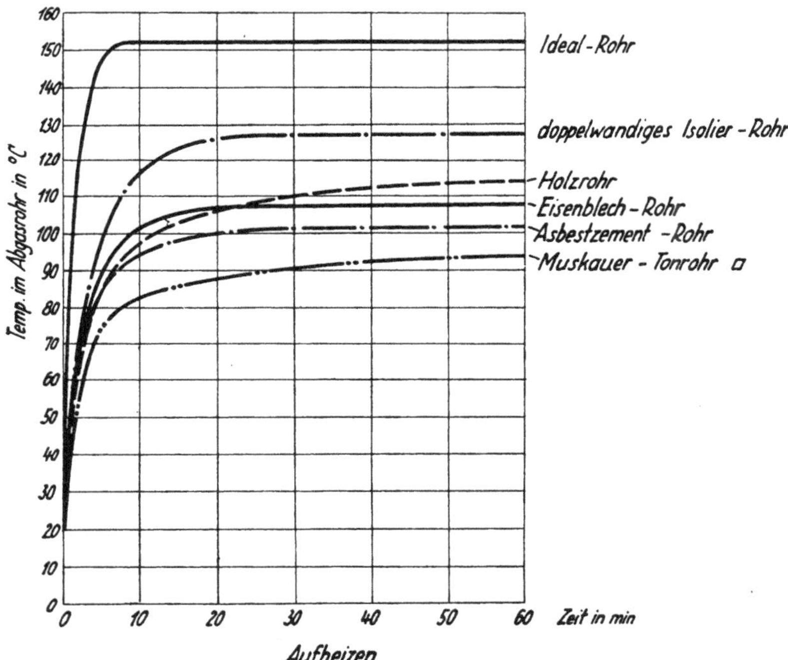

Abb. 32. Temperaturverlauf der Abgase in verschiedenen Abgasrohren, gemessen am Ende des jeweils 5 m langen Rohres.

mit Wärme, später die Verluste infolge des Wärmedurchgangs mehr und mehr überwiegen und nach Erreichung des Beharrungszustandes nur diese allein übrig bleiben. Diese Vorgänge bei der Inbetriebnahme einer Abgasleitung sind in Abb. 32 dargestellt: man erkennt daraus den Temperaturverlauf der Abgase am Ende einer 5 m langen

[1]) Vgl. die ins Einzelne gehenden Erläuterungen in den „Techn. Monatsblättern für Gasverwendung" Heft 4 v. Dez. 1931 Seite 50.

Abgasleitung aus den in Zahlentafel 6 angegebenen Baustoffen, und zwar abhängig von der Zeit. Der Temperaturverlauf bei einem kapazitätslosen und wärmeundurchlässigen Idealrohr ist als Gütemaßstab für die anderen Rohre mit aufgenommen. Je näher die Kurven dieser Rohre der Kurve des Idealrohres kommen und je schneller dies erfolgt, um so besser geeignet ist ein Rohr hinsichtlich seiner wärmetechnischen Eigenschaften zur Abgasabführung. Praktisch spielen neben den rein wärmetechnischen Eigenschaften natürlich auch andere eine sehr wichtige Rolle, z. B. die Lebensdauer, Hitzebeständigkeit usw. Je schneller die Temperaturkurven auf Abb. 32 in die Horizontale übergehen, desto geringer ist die Kapazität, je näher sie nach Erreichung des Beharrungszustandes beim Idealrohr liegen, desto geringer ist ihr Wärmedurchgang.

Temperaturveränderungen der Abgase, die auf Zumischung von kalter Luft (Falschluft) zurückzuführen sind, sind teilweise schon in Verbindung mit Abb. 3 und 5 (S. 37) besprochen, werden aber genauer im späteren Abschnitt 10 über Zugunterbrecher und Rückstromsicherungen behandelt.

8. Weiten der Abgasleitungen.

Die Weiten der Abgasleitungen können rechnerisch ermittelt werden nach der schon immer benutzten Gl. 46).

$$h\,(\gamma_l - \gamma_{gf}) = \frac{w^2}{2g}\gamma_{gf} + l \cdot R + \Sigma Z.$$

Da die Rohrreibung $l \cdot R$ — wie früher schon bemerkt — bei der Abgasabführung meist gering ist — sowohl absolut als auch relativ zum Auftrieb —, kann sie zunächst vernachlässigt und erst bei einer zweiten genauen Rechnung berücksichtigt werden.

Wird noch für die Abgasgeschwindigkeit w m/s die stündliche Abgasmenge Q m³/h und der Leitungsdurchmesser d cm eingeführt, außerdem für γ_{gf} auf der rechten Seite ein Mittelwert 0,8 (vgl. Abschnitt 6) gewählt, so bekommt man folgende Gleichung:

$$h\,(\gamma_l - \gamma_{gf}) - l \cdot R = \frac{Q^2}{d^4} \cdot 0{,}511\,(1 + \Sigma\zeta) \quad . \; . \; . \quad \text{Gl. 54)}$$

Ist Q m³/h aus dem Gasverbrauch eines Geräts und dem CO_2-Gehalt der Abgase bekannt, sind ferner h und die Raumgewichtsdifferenz und außerdem aus der Anordnung der zu berechnenden Leitung die Widerstandskoeffizienten ζ bekannt, so ließe sich d wohl aus Gl. 54) ermitteln. Die Schwierigkeit besteht nur darin, daß γ_{gf} sich über die Länge der Abgasleitung ändert, für γ_{gf} daher der Mittelwert einzusetzen ist und die Ermittlung dieses Mittelwertes erst nach mehrmaligem Probieren gelingt. Für γ_l wird man aus Sicherheitsgründen einen ungünstigen, also kleinen Wert annehmen müssen, damit die Abgasleitung auch bei hoher Außentemperatur (20 bis 30° C) richtig arbeiten kann. Sind mehrere Gasgeräte an dieselbe Abgasleitung in verschiedenen Höhen angeschlossen, so legt man zweckmäßig als Auftriebshöhe jeweils nur den Höhenunterschied zwischen 2 Gasgeräten, also z. B. eine Stockwerkshöhe von 2,5 m zugrunde, weil durch den Anschluß eines mit der umgebenden Luft in Verbindung stehenden Abgasrohres an die Sammelleitung der Zug in dieser an der Anschlußstelle unterbrochen sein kann[1]).

[1]) Gleichung 54 läßt sich bei Annahme gewisser Verhältnisse natürlich noch vereinfachen. Vernachlässigt man z. B. die Rohrreibung, so ist

$$d^2 = \frac{Q}{\sqrt{h}} \cdot 0{,}715 \cdot \sqrt{\frac{1 + \Sigma\zeta}{\gamma_l - \gamma_{gf}}} \text{ cm}^2.$$

Setzt man noch für d^2 die Kreisfläche $F = \frac{d^2\pi}{4}$ cm² und für die Abgasmenge Q m³/h den entsprechenden Gasverbrauch V m³/h (etwa so, daß $Q = 10\,V$ beträgt — bei $H_u = 3600$ kcal/m³) so ist

$$F = \frac{V}{\sqrt{h}} \cdot 5{,}62 \cdot \sqrt{\frac{1 + \Sigma\zeta}{\gamma_l - \gamma_{gf}}} \text{ cm}^2.$$

Nimmt man für normale Fälle weiter an, daß $1 + \Sigma\,\zeta \sim 3$, $\gamma_l = \sim 1{,}15$, $\gamma_{gf} = 1$ ist, so ist der Wurzelwert $\sqrt{20} = 4{,}47$, und die Gleichung geht über in die Form

$$F = \frac{V}{\sqrt{h}} \cdot 25 \text{ cm}^2.$$

Da diese Gleichung bei geringem Gasverbrauch zu kleine, bei hohem Gasverbrauch aber zu große Werte für F liefert, ist etwa folgende Form die geeignetste:

$$F = 70 + \frac{V}{\sqrt{h}} \cdot 12 \text{ cm}^2,$$

worin F der kreisförmige lichte Querschnitt in cm²,
V der Gasverbrauch in m³/h (für $H_u = 3600$ kcal/m³),
h die Schornsteinhöhe in m ist.

Für quadratischen oder rechteckigen Querschnitt ist F etwa 25 % größer zu wählen als nach dieser Formel berechnet (mit Rücksicht auf den gleichwertigen Durchmesser).

Beträgt der untere nicht reduzierte Heizwert des Gases nicht 3600 kcal/m³, sondern allgemein H_u, so ist für V der Wert $V \cdot \frac{H_u}{3600}$ zu nehmen.

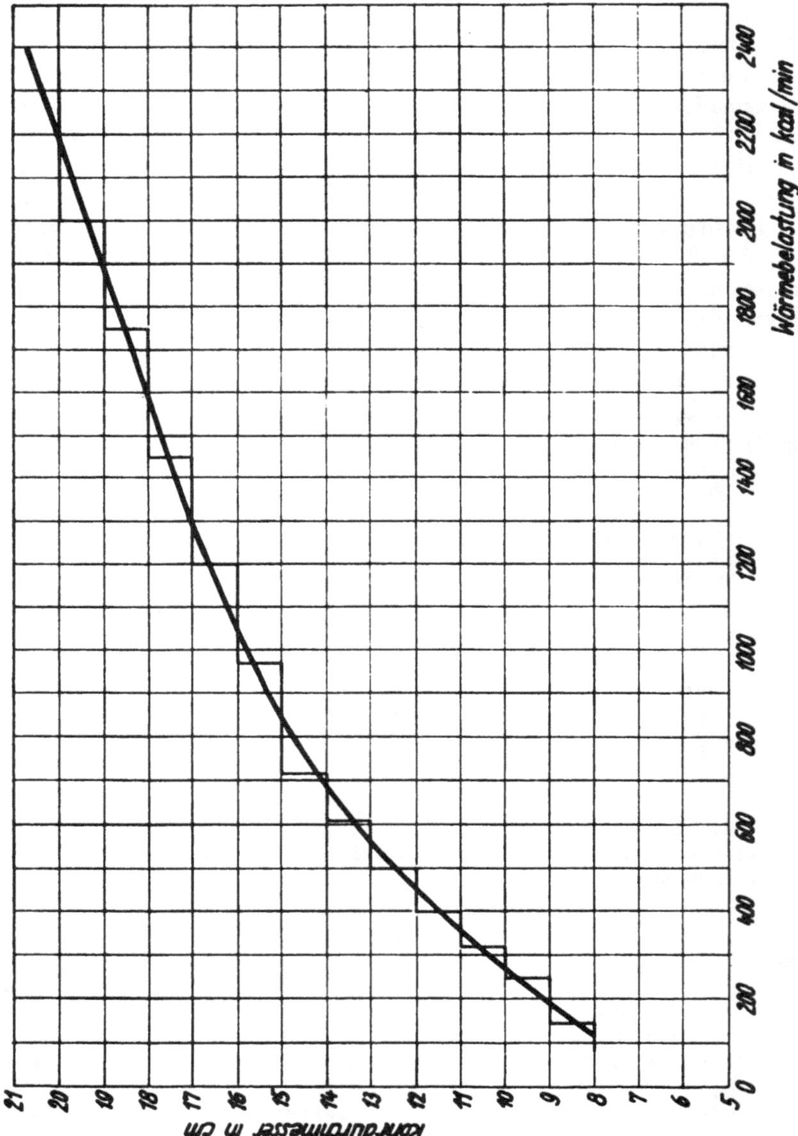

Abb. 33. Weiten der Abgasleitungen.

Um die ganzen Überlegungen und Rechnungen nicht immer wiederholen zu müssen, ist von mir unter Berücksichtigung der in der Praxis meist vorliegenden Abzugsverhältnisse eine Kurve aufgestellt, die in Abhängigkeit von der einem Gasgerät in der Minute zugeführten Wärmemenge (das ist die Wärmebelastung) die notwendigen Weiten von Abgasleitungen angibt. Die nach dieser Kurve ermittelten Weiten der Abgasleitungen (vgl. Abb. 33) haben sich in der Praxis bewährt und sind auch in die 10. Auflage der »Häuslichen Gasfeuerstätten« übernommen. Es ist statt des Gasverbrauchs die Wärmebelastung (also das Produkt Gasverbrauch mal unterer Heizwert des Gases) gewählt, weil die Abgasmenge ja nicht nur vom Gasverbrauch, sondern auch vom Heizwert abhängt. Die auf 1000 kcal Heizwert bezogene Abgasmenge ist bei Heizgasen verschiedenen Heizwertes ziemlich gleich (bei sonst gleichem Luftüberschuß). Bei der Ermittlung der Durchmesser der Abgasleitungen nach Abb. 33 wird man natürlich die praktisch zu wählenden Durchmesser nach oben oder unten auf volle cm abrunden. Außerdem ist ein Abgasrohr niemals enger als der betreffende Abgasstutzen des Gasgerätes zu wählen. Hat man Abgasleitungen rechteckigen Querschnitts, so sind die Querschnitte so groß zu wählen, daß das Rechteckrohr den gleichen Strömungswiderstand hat wie das nach Abb. 33 sich ergebende Rundrohr. Ein Rechteckrohr mit den Innenseiten m und n mm hat unter sonst gleichen Verhältnissen dieselbe Rohrreibung wie ein Rundrohr mit dem Innendurchmesser $d_m = \frac{2 \cdot m \cdot n}{m \cdot n}$ mm (gleichwertiger Innendurchmesser nach Gl. 51). Runde oder quadratische Rohre sind bezüglich Rohrreibung und Abkühlung der Abgase besser als Rohre von flach-rechteckiger Form, weil bei letzteren das Verhältnis Querschnitt: Umfang ungünstig ist.

9. Der Strömungsvorgang in Gasgeräten.

Bei Gasgeräten hat man es mit der Strömung folgender Medien zu tun: des Heizgases, der Verbrennungsluft und der Verbrennungsgase (von der Strömung des Wassers bei Warmwasserbereitern oder der Raumluft bei Raumheizgeräten soll abgesehen werden). Die Art der Ausströmung des Heizgases aus dem Brenner sowie die Herbeischaffung der Verbrennungsluft ist eine Angelegenheit des Brenners, die Strömung der Verbrennungsprodukte durch das Gerät eine Angelegenheit des im Gerät erzeugten Auftriebs. Eine vollständige Trennung der Triebkräfte für die verschiedenen Strömungen liegt jedoch nicht vor, sondern eins spielt auch in das andere etwas mit hinein und zwar derart, daß die kinetische Energie des aus dem Brenner ausströmenden Heizgases fördernd wirkt bei der Herbeischaffung der Verbrennungsluft und auch unterstützend wirkt bei dem durch den Auftrieb hervorgerufenen Strömungsvorgang der Verbrennungsgase.

Die Strömungsverhältnisse an Gasbrennern sollen beispielsweise an einem Rostbrenner, wie er meist bei Badeöfen benutzt wird, erörtert werden. Bei den üblichen Rostbrennern strömt das Heizgas infolge des Gasdruckes aus den Brennerbohrungen senkrecht nach oben. Die Geschwindigkeit des Heizgases am Austritt aus der Brennerbohrung ist beträchtlich (etwa 20 bis 40 m/s). Die kleinen Gasstrahlen reißen durch Stoßwirkung die sie umgebende Luft mit fort und bringen auf diese Weise eine Strömung der unterhalb des Brennerrostes befindlichen Luft nach dem Brennerrost und durch ihn hindurch zustande. Die Luft mischt sich mit dem austretenden Heizgas und das brennende Gemisch zieht nach oben ab. Um nun den Einfluß, der möglicherweise durch den Auftrieb des spezifisch leichteren Gasluftgemisches auf den durch reine Ejektorwirkung hervorgerufenen Strömungsvorgang entsteht, gänzlich auszuschalten, sei vorerst angenommen, daß Luft statt Gas aus dem Rostbrenner austrete; dann sind Auftriebseinflüsse hierbei nicht möglich. Die Strömungsverhältnisse, die sich in diesem Fall ergeben würden, sind im Diagramm der Abb. 34 veranschaulicht. Dem Diagramm a liegt folgender Versuch zugrunde: Ein Rostbrenner, bestehend aus 9 Brennerrohren von je 29 cm Länge, 8 mm äußerem Rohrdurchmesser, mit je 27 (1 cm voneinander entfernten) Bohrungen von 0,7 mm Dmr. und mit einem von Mitte Rohr bis Mitte Rohr betragenden Abstand von 11 mm, war an eine Luftleitung angeschlossen und war oben umgeben von einem 25 cm hohen Blechrahmen von 29 cm Länge und 11,5 cm Breite (vgl. Skizze auf Abb. 34). Die aus dem Brenner bei verschiedenem Brennerdruck ausströmende Luftmenge (in folgenden mit V bezeichnet) wurde mittels Gasmessers und die Geschwindigkeit des Gemisches, bestehend aus der Luftmenge V und der durch Ejektorwirkung angesaugten »Verbrennungs«-Luft L,

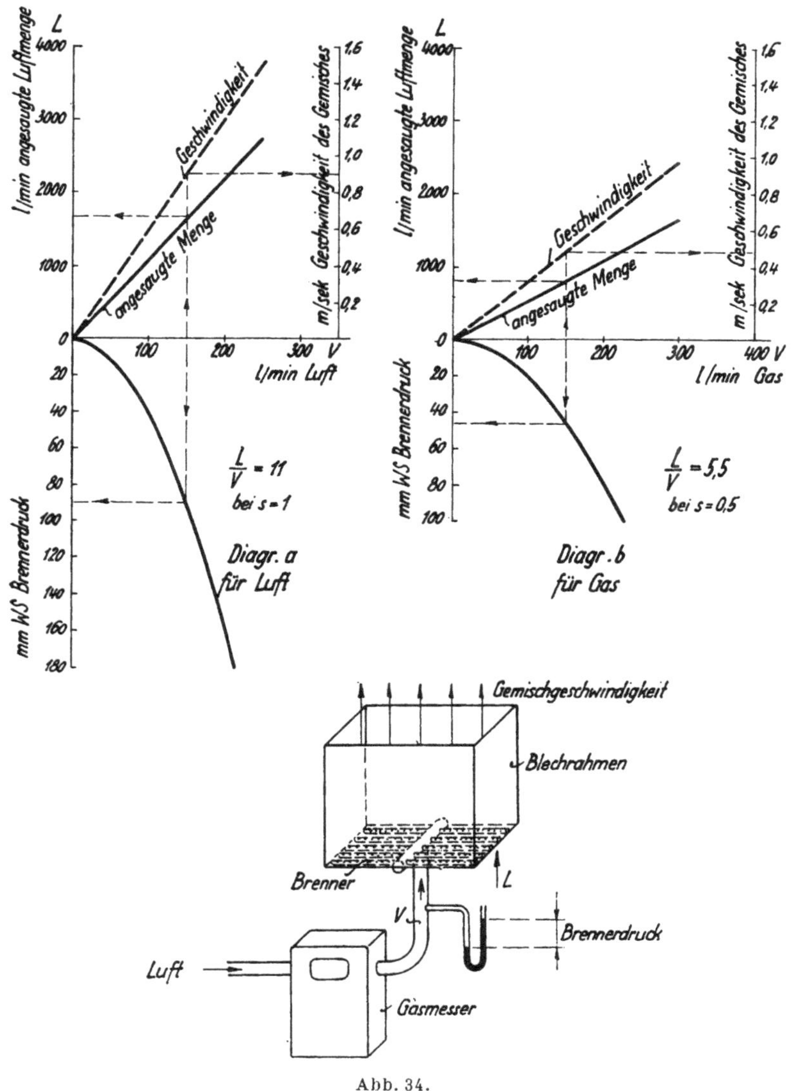
L
l/min angesaugte Luftmenge
m/sek Geschwindigkeit des Gemisches
Geschwindigkeit
angesaugte Menge
l/min Luft
mm WS Brennerdruck
L/V = 11
bei s = 1
Diagr. a
für Luft
l/min Gas
L/V = 5,5
bei s = 0,5
Diagr. b
für Gas
Gemischgeschwindigkeit
Blechrahmen
Brenner
Brennerdruck
Luft
Gasmesser

Abb. 34.

mittels Anemometers im Blechrahmen von bekanntem freiem Querschnitt gemessen, so daß $L + V$ bekannt und — weil V besonders gemessen — auch L, also die angesaugte Verbrennungsluftmenge bestimmbar war. Die Ergebnisse dieses Versuchs sind — wie gesagt — im Diagramm a der Abb. 34 wiedergegeben. In Abhängigkeit von der Luftmenge V l/min ist oben die Gemischgeschwindigkeit bzw. die angesaugte Verbrennungsluftmenge L l/min und unten der Brennerdruck p dargestellt. Das Diagramm zeigt, daß die angesaugte Verbrennungsluftmenge L proportional mit der aus dem Brenner strömenden Luftmenge V steigt oder mit anderen Worten: daß das Verhältnis $\frac{L}{V}$ bei Belastungsänderungen konstant bleibt. In diesem besonderen Fall ist $L/V = 11$; es wird also stets das 11fache des Luftvolumens V als Verbrennungsluft angesaugt. — Bei Brennern anderer Abmessungen ergaben sich grundsätzlich gleiche Abhängigkeiten, wenn auch andere Zahlenwerte.

Wendet man diese Ergebnisse auf den Fall an, daß nicht Luft, sondern Gas aus dem Brenner strömt, so ist zu beachten, daß Gas ein geringeres Raumgewicht hat als Luft und demnach die Ejektorwirkung des Gasstrahls geringer sein muß, und zwar um so geringer, je kleiner das Raumgewicht ist; denn die Ejektorwirkung ist eine reine Wirkung der Masse (Stoßwirkung). Läßt man einmal Luft, das andere Mal aber ein gleiches Volumen Gas aus dem gleichen Brenner ausströmen und ist das Raumgewicht des Gases nur halb so groß wie das der Luft, so kann auch nur das halbe Luftvolumen angesaugt werden oder allgemein: das Verhältnis L/V ändert sich proportional mit dem Verhältnis des Raumgewichtes des Gases, das aus dem Brenner ausströmt — gleiche Gasmengen vorausgesetzt. Ist beispielsweise $L/V = 11$, wenn L u f t aus dem Brenner ausströmt, so ist bei G a s vom spezifischen Gewicht $\frac{\gamma_g}{\gamma_l} = 0{,}5$ das Verhältnis L/V nur $0{,}5 \cdot 11 = 5{,}5$. Dieser Fall ist beispielsweise im Diagramm b der Abb. 34 veranschaulicht. Diagramm a und b stellen die Verhältnisse am gleichen Brenner dar, wenn aus dem Brenner einmal Luft (Diagramm a), das andere Mal Gas vom spezifischen Gewicht 0,5 ausströmen würde (Diagramm b). Meßtechnisch lassen sich die Verhältnisse bei Beschickung des Brenners mit Gas schlecht verfolgen, weil dann die Auftriebswirkung des leichten Gasluftgemisches auf die Luftansaugung nicht ganz auszuschalten ist und ferner die Anwesenheit des Gasluftgemisches selbst unangenehm ist.

Infolge der vorstehend erläuterten Arbeitsweise des Brenners sollte das Verhältnis Verbrennungsluft: Gas bei verschiedenen Belastungen eines Gasgerätes stets gleich sein, d. h. der CO_2-Gehalt der Abgase müßte, wenn die Arbeitsweise des Brenners allein maßgebend wäre, bei verschiedenen Belastungen des Gerätes ebenfalls konstant sein. Das ist jedoch nicht der Fall, sondern der CO_2-Gehalt wächst in Wirklichkeit proportional mit der Belastung; d. h. aber: das Verhältnis L/V ist in Wirklichkeit nicht konstant. Der scheinbare Widerspruch wird beseitigt, wenn man die im Gerät erzeugte Auftriebskraft der Verbrennungsgase mit in die Betrachtung hineinzieht. Der Auftrieb im Gerät ist bei verschiedenen Belastungen ziemlich konstant — jedenfalls innerhalb normaler Grenzen — und muß daher auf eine konstante Abgasgeschwindigkeit im Gerät bzw. auf eine konstante Abgasmenge hinarbeiten. Ist das vom Brenner gelieferte Gasluftgemisch bzw. die daraus entstehende Abgasmenge nicht so groß, wie die durch den vorhandenen Auftrieb zwangsläufig zu fördernde Abgasmenge, so wird außer der vom Brenner allein angesaugten Verbrennungsluft außerdem noch so viel Verbrennungsluft durch die überschüssige Auftriebskraft angesaugt, bis die dem Auftrieb entsprechende Abgasmenge beisammen ist; d. h. bei geringer Belastung muß der Luftüberschuß groß sein. Bei steigender Belastung wird vom Brenner ein größeres Gasluftgemisch dem Gerät zur Verfügung gestellt, das nach seiner Verbrennung als Verbrennungsgas vom Auftrieb durch die Widerstände des Gerätes hindurchgebracht werden muß. Da die Strömungswiderstände im Gerät quadratisch mit der Verbrennungsgasmenge wachsen, werden bei steigender Belastung von der vorhandenen Auftriebskraft immer größere Beträge zur Überwindung dieser Widerstände gebraucht, der Überschuß an Auftriebskraft zur Ansaugung zusätzlicher Verbrennungsluft wird daher immer kleiner, bis es so weit kommt, daß die vorhandene Auftriebskraft nicht einmal zur Hindurchleitung des vom Brenner zur Verfügung gestellten Gasluftgemisches bzw. der daraus entstehenden Verbrennungsgase durch die Apparatewiderstände ausreicht. Die Verbrennungsgase stauen sich dann im Gerät und verhindern letzten Endes den Zutritt der für eine vollkommene Verbrennung ausreichenden Verbrennungsluftmenge zum Brenner. Die Folge ist dann unvollkommene Verbrennung des Gases. Das Versagen des Gerätes bei steigender Belastung ist primär nicht auf einen Mangel an Energie für die Herbeischaffung einer ausreichenden Verbrennungsluftmenge zurückzuführen — denn der Brenner würde genügend zur Verfügung stellen können —, sondern darauf, daß zwar infolge der Wirkungsweise des Brenners die Verbrennungsgasmenge proportional mit der Belastung zunehmen möchte, aber die Strömungswiderstände im Gerät bei zunehmender Verbrennungsgasmenge quadratisch ansteigen. Durch diesen Umstand, daß also die Zunahme der Verbrennungsgasmenge und das Anwachsen der Strömungswiderstände zwei ganz verschiedenen Gesetzen unterliegen, tritt bei Überschreitung einer gewissen Belastung eine zu große Stauung der Verbrennungsgase im Gerät oder mit anderen Worten eine Überfüllung des Gerätes mit Verbrennungsprodukten ein, wodurch dem nachdringenden Gasluftgemisch der Weg nach oben verlegt wird. Es muß natürlich vorausgesetzt werden, daß die Brennerkonstruktion an und für sich eine Arbeitsweise des Brenners bedingt, daß bei ihr das Verhältnis L/V genügend groß ist. Es leuchtet ohne weiteres ein, daß für ein Gas von hohem Heizwert und geringem spezifischen Gewicht die Verbrennungsluft von einem Brenner viel schwerer herbeizuschaffen ist als bei einem weniger heizkräftigen oder spezifisch schwereren Gase, ferner eine Steigerung des Gasdrucks allein nicht allgemein bessere Verbrennungsbedingungen bei allen Geräten zur Folge haben wird.

Die Ansaugung einer ausreichenden Verbrennungsluftmenge und ihre Hindurchleitung durch die Widerstände des Brenners geschieht größtenteils durch die Ejektorwirkung der durch den Brenner gebildeten Gasstrahlen. Die Fortleitung der Verbrennungsprodukte durch das Gerät ist Aufgabe des im Gerät erzeugten Auftriebs. Jedes Gasgerät muß so gebaut sein, daß der in ihm erzeugte Auftrieb allein genügt, um die bei Nennbelastung anfallenden Verbrennungsgase mit der erforderlichen Geschwindigkeit durch das Gerät strömen zu lassen. Eine Unterstützung durch den Schornsteinzug ist bei Gasgeräten — im Gegensatz zu den Öfen für feste Brennstoffe — unerwünscht. Es kommt also darauf an, die Widerstände in einem Gasgerät mit dem vorhandenen Auftrieb so abzugleichen, daß der gewünschte Strömungsvorgang stattfinden kann und auch stattfindet. Bei gasbeheizten Raumheizgeräten sind vielfach die Strömungswiderstände im Vergleich zum Auftrieb gering und als Folge davon würde eine größere Verbrennungsgasmenge durch das Gerät strömen und ein geringerer CO_2-Gehalt dieser Gase sich einstellen, als mit Rücksicht auf den Abgasverlust erwünscht ist. Man ordnet daher bei diesen Geräten eigens Widerstände an (Staukörper od. dgl.), die lediglich zur Regulierung des Strömungsvorgangs dienen und sonst überflüssig wären. Bei anderen Geräten z. B. den gasbeheizten Warmwasserbereitern bieten die eingebauten Wärmeaustauschflächen (Lamellenheizflächen) und die Abgashaube den strömenden Verbrennungsprodukten bereits so viel Widerstand, daß nicht nur alle sonstigen Widerstände peinlich vermieden, sondern auch die Wärmeaustauschflächen selbst nach strömungstechnischen Gesichtspunkten als Gebilde geringen Widerstandes gestaltet werden. Eine gewisse Größe an Wärmeaustauschfläche gebraucht man zu einer wirtschaftlichen Wärmeausnutzung des Heizgases. Die Anordnung und Aufteilung der Heizflächen, ferner die Gestaltung der Abgashaube hat unter dem Gesichtspunkt zu erfolgen, daß die Summe dieser Widerstände bei der Verbrennungsgasmenge, die bei Nennbelastung des Gerätes vorhanden ist, nicht größer als der Auftrieb ist; in Formeln ausgedrückt lautet diese Forderung:

$$\int_0^h (\gamma_l - \gamma_{gf})\, dh = Z_e + Z_{Lam} + Z_{Haube} \text{ mm W.-S.}$$

Z_{Lam} bezeichnet den Einzelwiderstand des Wärmeaustauschkörpers, Z_{Haube} den Haubenwiderstand, der besonders dadurch bedingt ist, daß die Abgase von einem großen auf einen kleinen Querschnitt gebracht und dadurch beschleunigt werden müssen; Z_e ist der Eintrittswiderstand unten am Gerät; er ist von untergeordneter Bedeutung.

Die Auftriebsverhältnisse dieses Geräts werden am besten an Hand der Diagramme Abb. 35 erklärt, die in gleicher Weise natürlich auch für alle Gasgeräte aufgestellt werden können. Links ist eine schematische Skizze des Warmwasserbereiters; daneben ist im Diagramm a der gemessene Temperaturverlauf der Verbrennungsgase im Gerät dargestellt, aus dem sich bei bekannter Abgaszusammensetzung der Verlauf des Raumgewichtes der Abgase leicht herleiten läßt, etwa unter Benutzung der Zahlentafel 5 bzw. des Diagramms Abb. 13. Den so ermittelten Verlauf des Raumgewichtes der Ver-

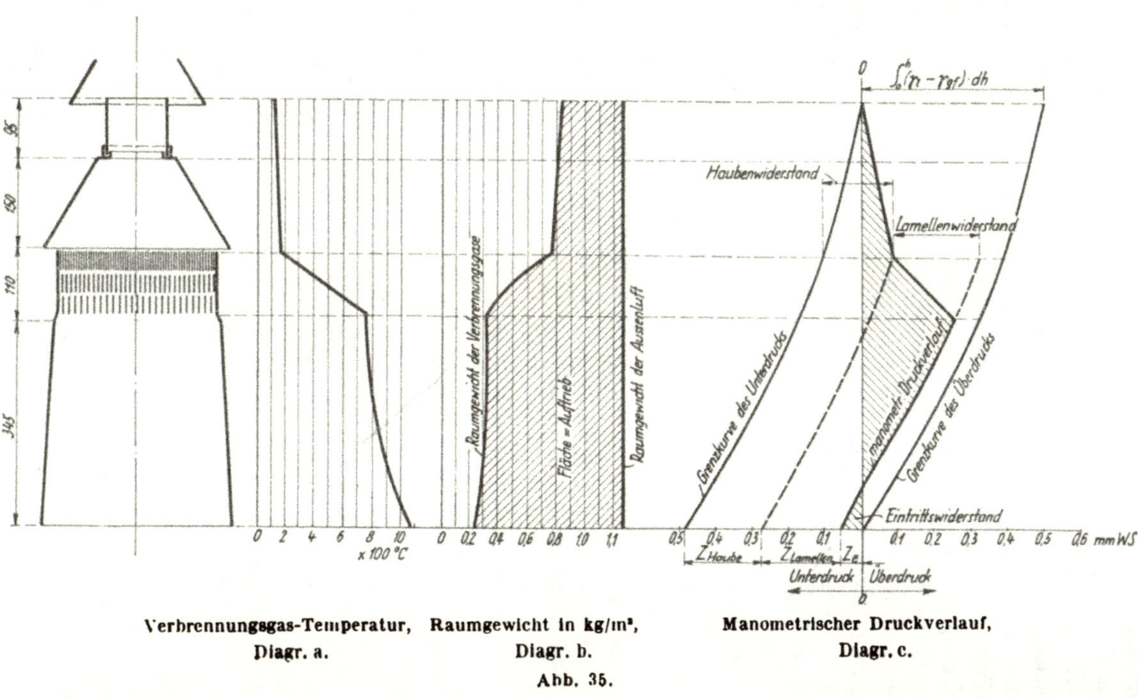

Verbrennungsgas-Temperatur, Diagr. a. **Raumgewicht in kg/m³, Diagr. b.** **Manometrischer Druckverlauf, Diagr. c.**

Abb. 35.

brennungsgase zeigt Diagramm b, in dem zugleich das Raumgewicht der umgebenden Luft als Gerade eingetragen ist; die schraffierte Fläche im Diagramm b stellt bekanntlich die Größe des im Gerät wirkenden Auftriebs dar. Aus Diagramm b wird noch der Verlauf der Grenzkurven für den Unter- bzw. Überdruck ermittelt nach der Methode, wie in den Erläuterungen zu Abb. 25 angegeben. In das Diagramm c der Abb. 35 sind die Grenzkurven eingetragen, zwischen denen der manometrische Druckverlauf der strömenden Abgase liegen muß. Der im Diagramm c beispielsweise dargestellte manometrische Druckverlauf der strömenden Verbrennungsgase ist durch Messungen am Gerät während des Betriebes punktweise festgestellt. Hierdurch hat man sogleich im Diagramm c ein klares Bild über die Lage und Größe der Strömungswiderstände im Gerät und von dem Umsatz der Auftriebsenergie bei diesem Strömungsvorgang. Das Diagramm c gewährt einen guten Einblick in die Arbeitsweise des ganzen Geräts und läßt auch konstruktive Fehler der Geräte leicht erkennen. Wären die ζ-Werte der Einzelwiderstände im Gerät bekannt, so würde man die Kurve des manometrischen Druckverlaufes zwischen die Grenzkurven direkt, also ohne vorherige Messung eintragen können.

Man erkennt aus Diagramm c, daß das Gerät unter Überdruck steht, und es wird nach den früheren Erörterungen über den manometrischen Druckverlauf einleuchten, daß etwas anderes gar nicht zu erwarten ist, weil die Einzelwiderstände im Oberteil des Gerätes liegen. Hieraus muß man nun aber auch die notwendige Folgerung ziehen, daß bei Vorhandensein irgendwelcher Undichtheiten am Gerät die Abgase durch die undichten Stellen in die umgebende Luft gedrückt werden, also Abgasaustritt in den Raum zur Folge hat. Würde keine direkte dichte Verbindung des Lamellenkörpers mit der Abgashaube bestehen, sondern hier die Zugunterbrechung liegen — wie in der Skizze der Abb. 35 angedeutet —, so müssen die Abgase hier teilweise austreten, weil an dieser Stelle die Abgase laut Diagramm c unter Überdruck stehen. Abhilfe kann nur dadurch geschaffen werden — worauf später noch genauer einzugehen ist —, daß dem Gerät ein entsprechend langes senkrechtes Abgasrohrstück zur Zugerzeugung nachgeschaltet wird oder die Zugunterbrechung an dieser Stelle am besten ganz verschwindet. Die Kenntnis des manometrischen Druckverlaufes in Gasgeräten ist daher wertvoll und wichtig und läßt überhaupt erst eine einwandfrei begründete Beurteilung der Dinge zu.

10. Zugunterbrechung, Stau- und Rückstromsicherung.

Feuerstätten für feste Brennstoffe werden bekanntlich dicht mit dem Schornstein verbunden, damit der Schornsteinzug eine lebhafte Durchströmung des Brennstoffbettes mit Verbrennungsluft hervorruft, wodurch wiederum ein genügend hoher Brennstoffverbrauch und die gewünschte Heizleistung sich einstellt. Um eine möglichst große Zugwirkung zu erreichen, wird der Zutritt von Falschluft sorgfältig vermieden. Da ein Brennstoffbett bei Gasgeräten nicht vorhanden ist und das aus dem Brenner austretende Heizgas sogar selbst noch die Verbrennungsluft ansaugt, ferner die sonstigen Strömungswiderstände in Gasgeräten klein gehalten werden können, können die Gasgeräte allgemein so gebaut werden, daß der Auftrieb der Verbrennungsgase in den Geräten allein zu einem einwandfreien Betrieb ausreicht und ein auf das Gerät wirkender Schornsteinzug entbehrt werden kann. Es ist sogar ein auf das Gasgerät einwirkender Schornsteinzug nicht erwünscht, weil Zugschwankungen im Schornstein unvermeidlich sind, die sich durch ständigen Wechsel des Verbrennungsluftüberschusses und durch Änderungen des Wirkungsgrades unangenehm bemerkbar machen würden.

Wie z. B. schon ein verschieden langes Abgasrohr auf die Arbeitsweise des Gerätes einwirkt, zeigt Abb. 36: je nach Höhe des Abgasrohres bekommt man einen anderen Druckverlauf der Verbrennungsgase und demzufolge andere Verbrennungsluftmengen. Da die Gasgeräte gegen Zugschwankungen sehr empfindlich sind, macht man durch den Einbau entsprechender Vorrichtungen zwischen Gerät und Abgasleitung den Strömungsvorgang in den Gasgeräten unabhängig von dem Strömungsvorgang in der Abgasleitung. Das wird grundsätzlich dadurch erreicht, daß man die Abgase an einer geeigneten Stelle eine gewisse Strecke lang frei durch die Luft strömen läßt oder eine genügend offene Verbindung der Abgase mit der umgebenden Luft schafft und auf diese Weise die Abgase an dieser Stelle drucklos macht; d. h. an dieser Stelle haben die Abgase stets den Druck der umgebenden Luft, wie auch die Zug- und Druckverhältnisse in der nachfolgenden Abgasleitung beschaffen sein mögen. Dann arbeitet aber das Gasgerät immer unter den gleichen Bedingungen, was ja erreicht werden soll. Derartige Vorrichtungen zur Fernhaltung von Zugschwankungen auf das Gerät heißen Zugunterbrecher. Es

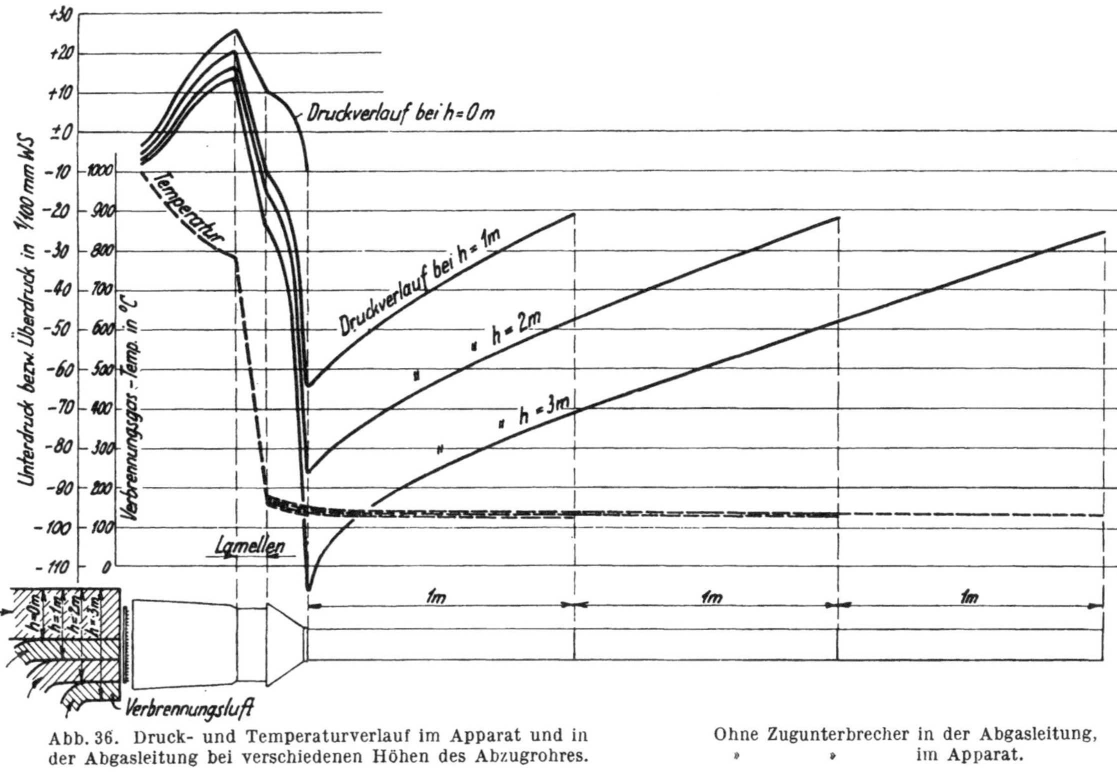

Abb. 36. Druck- und Temperaturverlauf im Apparat und in der Abgasleitung bei verschiedenen Höhen des Abzugrohres.

Ohne Zugunterbrecher in der Abgasleitung,
» » im Apparat.

sind Vorrichtungen, in denen — wie gesagt — die Abgase immer den gleichen Druck (meist den Druck Null) haben sollen. Praktisch läßt sich das bis zu einem gewissen Grad wohl erreichen. Damit bei Stauung der Abgase in der Abgasleitung die Verbrennungsprodukte trotzdem aus dem Gerät abströmen können, wird der Zugunterbrecher zugleich als Stausicherung benutzt; d. h. die Abgase des Gerätes können aus den Zugunterbrecheröffnungen während des in der Abgasleitung vorhandenen Staues in den Aufstellungsraum austreten.

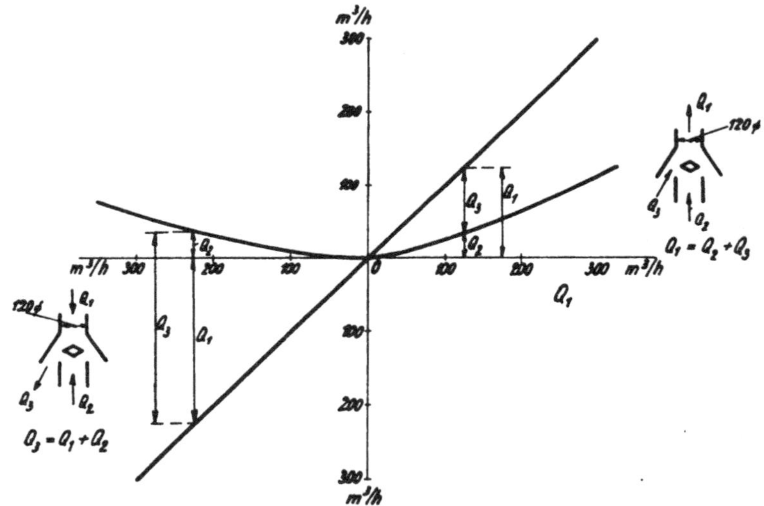

Abb. 37. Arbeitsweise der Rückstromsicherung.

Eine Zugunterbrechung allein kann jedoch die Einwirkungen von rückströmenden Abgasen vom Gerät nicht fernhalten, dazu bedarf es einer Rückstromsicherung, die zugleich auch Zugunterbrechung und Stausicherung ist und bei der die Strömung im Gerät tatsächlich fast ganz unabhängig von der Strömung in der Abgasleitung sein kann.

Abb. 37 zeigt beispielsweise die Arbeitsweise einer kegelförmigen Rückstromsicherung abhängig von der Luftmenge Q_1, die in der einen oder anderen Richtung im oberen Stutzen strömt. Die im Diagramm veranschaulichten Verhältnisse gelten für den Fall, daß die Luftmenge Q_1 mittels Ventilator angesaugt bzw. von oben hineingedrückt wird. Man erkennt, daß bei Steigerung der angesaugten Luftmenge Q_1 auch die Luftmenge Q_2 aus dem unteren Stutzen wächst; d. h. daß eine gewisse Beeinflussung auf den unteren Stutzen wohl vorhanden ist, jedoch in dem praktisch vorkommenden Bereich bis etwa 100 m³/h nicht bedeutend ist. Bei Rückstrom (linke Seite des Diagramms) tritt bei Steigerung der rückströmenden Luftmenge Q_1 ebenfalls ein zunehmendes Ansaugen von Luft aus dem unteren Stutzen ein. Es ist dies auf die Ejektorwirkung des von oben kommenden,

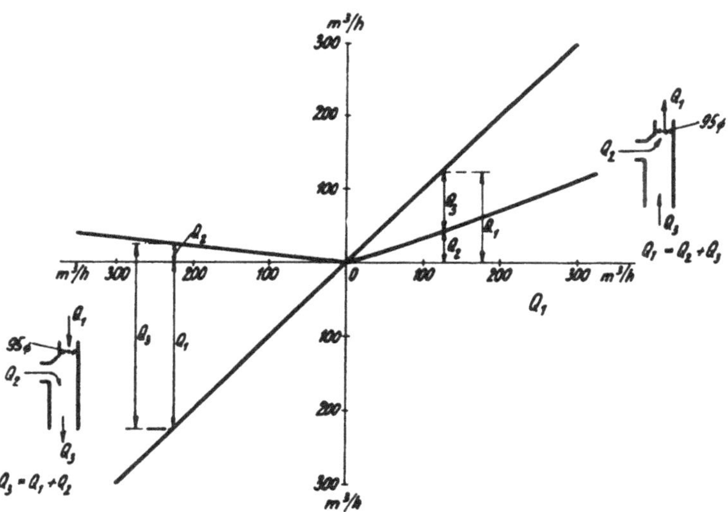

Abb. 38. Arbeitsweise der Rückstromsicherung.

abgelenkten Luftstromes zurückzuführen (die Rückstromsicherung arbeitet in diesem Fall wie eine Strahlpumpe). Der Einfluß auf den unteren Stutzen ist hier noch geringer als bei abgesaugter Luftmenge Q_1. In Abb. 38 sind die gleichen Verhältnisse dargestellt für eine T-förmige Rückstromsicherung mit erweitertem unterem Schenkel; wie ersichtlich, arbeitet diese fast genau so wie die kegelförmige. Stellt man sich vor, daß an die Stutzen, in die auf den Skizzen der Abb. 37 und 38 die Luftmenge Q_2 einströmt, die Gasgeräte angeschlossen sind, so dringen also durch diese Stutzen die Abgase von den Geräten in die Rückstromsicherung vor und werden sowohl bei Saugung im oberen Stutzen als auch bei Rückstrom an ihrem Vordringen bzw. ihrer Abführung aus dem Gerät nicht gehemmt, sondern im Gegenteil sogar noch etwas unterstützt, und zwar um so mehr, je größer die Saugung bzw. die Rückströmung ist. Es ist somit erreicht, daß stärkere Veränderungen in der Abgasleitung ohne wesentlichen Einfluß auf den Strömungsvorgang im Gerät bleiben; geringe Einwirkungen kann man wohl zulassen, wenn diese nicht im ungünstigen Sinne auftreten, d. h. die Strömung im Gerät nicht hemmen.

Im Zugunterbrecher bzw. auch in einer Rückstromsicherung tritt bei starkem Schornsteinzug Falschluft zu den Abgasen. Die ursprünglichen, vom Gerät gelieferten Abgase werden also mit kalter Raumluft gemischt; das gebildete Gemisch ist kälter und spezifisch schwerer als die ursprünglichen Abgase. Es ist die Frage, ob der Falschluftzutritt zu den Abgasen vorteilhaft oder unvorteilhaft ist. Die Untersuchung wird am zweckmäßigsten an Hand der Abgasdiagramme Abb. 3 bzw. Abb. 5 durchgeführt, und es muß hier auf die Erläuterungen zu diesen Diagrammen verwiesen werden. Der Übersichtlichkeit halber ist in Abb. 39 das gleiche Abgasdiagramm von Mischgas nochmals gebracht, jedoch unter Fortlassung alles dessen, was uns bei der Erörterung dieser Frage nicht unmittelbar interessiert. Das Diagramm Abb. 39 enthält den CO_2-Gehalt der Abgase, die Abgastemperatur, das feuchte Abgasvolumen je Nm^3 Heizgas bei der betreffenden Abgastemperatur und das Raumgewicht der feuchten Abgase, ferner die Taupunktskurve. Verbindet man irgendeinen Punkt im Diagramm, der einen gewissen Zustand des Abgases darstellt, mit einem Punkt auf der linken Senkrechten, auf der die Zustände der Luft liegen ($CO_2 = 0\%$), so stellt nach den Erläuterungen zu den Abb. 3 und 5 die Verbindungsgerade zwischen diesen beiden Punkten den Mischvorgang zwischen dem ursprünglichen, durch den Punkt im Diagramm gekennzeichneten Abgas und der betreffenden Luft dar. Die Veränderung des Abgases bei der Gemischbildung ist an Hand dieser Verbindungsgeraden genau zu verfolgen. Bei der Mischung im Zugunterbrecher haben wir es mit einer Änderung (Verringerung) des ursprünglichen CO_2-Gehaltes zu tun; bei der nachträglichen Abkühlung des Gemisches in der Abgasleitung findet eine Zustandsänderung bei gleichbleibendem CO_2-Gehalt des Gemisches statt.

Die Verfolgung des Mischvorganges im Unterbrecher und der anschließenden Abkühlung des Gemisches in der Abgasleitung gestaltet sich nun nach dem Gesagten an Hand des Diagramms Abb. 39 einfach und sehr übersichtlich: Ist beispielsweise ein ursprüngliches Abgas von 10% CO_2 und 120° C gegeben (Punkt *A*) und wird zu

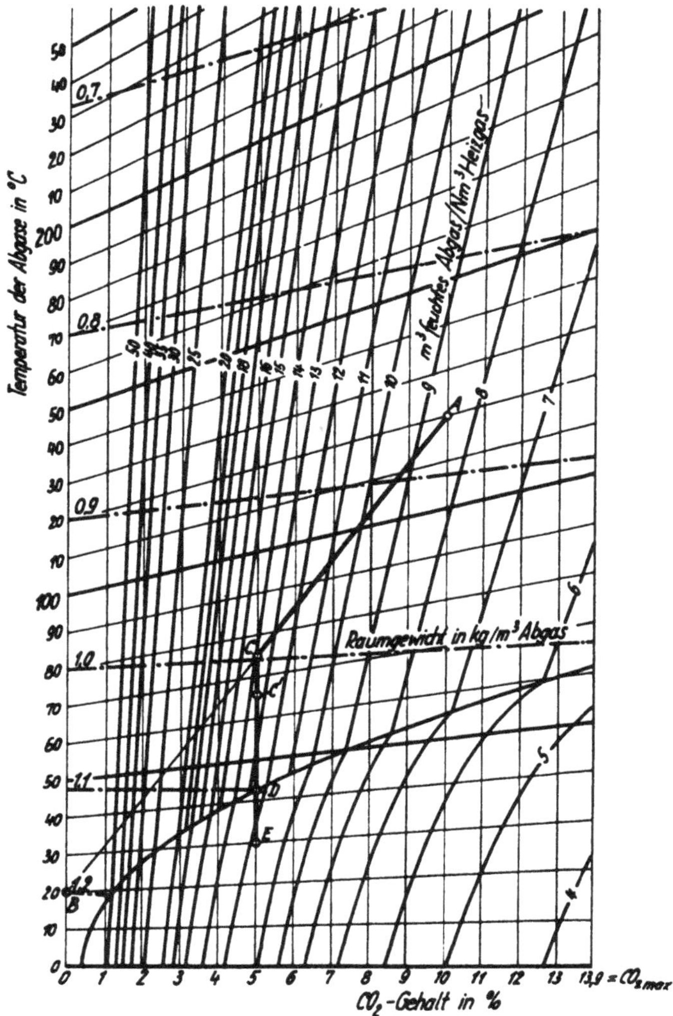

Abb. 39. Mischgas von 4200 kcal/Nm³.

diesem Abgas trockene Luft von 20° C (Punkt *B*) gemischt, so liegen alle möglichen Mischzustände zwischen diesen beiden Medien auf der Verbindungsgeraden *A—B*. Hat das Gemisch z. B. einen CO_2-Gehalt von 5%, so ergibt sich der Punkt *C*. Aus dem Diagramm ist ersichtlich, daß aus der ursprünglichen Abgasmenge (Punkt *A*) von etwa 8,5 m^3/Nm^3 Heizgas von 120° C, 10% CO_2 und etwa 0,87 kg/m^3 Raumgewicht durch die Mischung entstanden sind 14 m^3 Abgase von 75° C, 5% CO_2 und 1,0 kg/m^3 Raumgewicht (Punkt *C*). Wird das Gemisch in der Abgasleitung abgekühlt, so bleibt der CO_2-Gehalt hierbei konstant, man braucht deshalb nur der betreffenden CO_2-Geraden (5%) nach unten zu folgen, kommt an den Punkt *D* (den Schnittpunkt mit der Taupunktskurve), liest ab eine Taupunktstemperatur von 42° C und ein gegen früher verringertes Gemischvolumen von 12,6 m^3, ein Raumgewicht von 1,1 kg/m^3 und verfolgt z. B. die Abkühlung weiter bis 30° C, wenn das Gemisch mit dieser Temperatur die Abgasleitung verlassen würde, und erkennt, daß das Volumen hierbei auf etwa 11,5 m^3 zusammengeschrumpft ist. Mischvorgänge bei Abgasen mit nachträglicher Abkühlung des Gemisches erfolgen im Diagramm stets in der Art des dick ausgezogenen Linienzuges *A—C—D—E*.

Wer sich meßtechnisch mit diesen Vorgängen bei der Abgasabführung beschäftigt, muß auf diese Zusammenhänge kommen, vorausgesetzt, daß er richtig mißt. Stimmen die Meßergebnisse nicht mit dem Diagramm überein, so ist anzunehmen, daß die gemessenen Werte nicht die wahren Mittelwerte z. B. des CO_2-Gehaltes oder der Abgastemperatur sind. Liegt während des Mischvorganges auch Abkühlung vor, was meistens der Fall ist, so kann das im Diagramm auch wohl berücksichtigt werden. Im genannten Beispiel würde sich z. B. der Punkt *C'* (Abb. 39) nach der Mischung ergeben, was besagt, daß sich wohl bei reiner Mischung der Punkt *C* ergeben muß, dieser Punkt aber infolge der dabei nach außen abgegebenen Wärme nach *C'* herunterrutscht. Der Punkt *C'* würde oberhalb *C* liegen, wenn Wärmeeinstrahlung stattfände. Kurzum, man hat bei Benutzung des Diagramms eine gute Kontrolle der Meßergebnisse, die man sich nicht entgehen lassen sollte.

Übersieht man diese Vorgänge beim Mischen von Abgasen und Luft vom allgemeinen Standpunkt, so ist außer den Schlüssen, die bereits bei den Erläuterungen zu den Diagrammen Abb. 3 und 5 gemacht wurden, noch folgendes festzustellen. Schon durch die reine Mischung der ursprünglichen Abgase mit Luft tritt eine Annäherung an die Taupunktskurve ein, wenn nicht die Luft gerade hoch temperiert ist. Die Gefahr der Kondensation[1]) des in den Abgasen enthaltenen Wasserdampfes beim reinen Mischvorgang wird um so größer, je höher der CO_2-Gehalt und je tiefer die Temperatur der ursprünglichen Abgase und je kälter die Mischluft ist. Die Feuchtigkeit, die sich bei der reinen Mischung von kalter Luft mit warmen, aber feuchten Abgasen in Dampfform oder als Nebeltröpfchen ausscheiden kann, wird selten sehr bedeutend sein, weil die bei der Kondensation frei gewordene Wärmemenge die Temperaturerniedrigung teilweise wieder aufhebt. Durch sehr hohen Luftzusatz kann die Gefahr der Kondensation wieder verringert werden, dann ist aber gleichzeitig der Auftrieb des Gemisches außerordentlich gering geworden. Durch die anschließende Abkühlung des Gemisches in der Abgasleitung tritt eine weitere noch stärkere Annäherung an die Taupunktskurve ein, wenn nicht durch Verwendung von Abgasleitungen mit geringer Wärmekapazität und geringem Wärmedurchgang dagegen gearbeitet wird. Man kann daher wohl sagen, daß in den allermeisten Fällen der Zutritt von Falschluft zu den ursprünglichen Abgasen im Unterbrecher nicht vorteilhaft ist. Nur wenn außerordentlich viel Luft zugesetzt wird, könnte allgemein die Gefahr der Kondenswasserbildung verringert oder beseitigt werden, dies jedoch unter der Voraussetzung, daß die Abgasleitung das große Gemischvolumen überhaupt fassen kann. Es ist die Zugunterbrechung oder Rückstromsicherung zur Fernhaltung von Zugschwankungen bzw. auch von Einwirkungen von Rückstrom auf das Gasgerät notwendig, aber die dadurch geschaffene Möglichkeit von Falschlufteintritt ist meist unerwünscht. Leider liegen ausgedehnte Versuche zur weiteren

[1]) Die Bildung von Kondensat in den Abgasleitungen ist deshalb so gefährlich, weil SO_2- und SO_3-Gase im Abgas, die auf nicht ganz zu beseitigende Schwefelverbindungen im Stadtgas zurückzuführen sind, mit dem Verbrennungswasser eine verdünnte Schwefelsäure bilden, die die metallischen Abgasleitungen mit der Zeit zerfrißt und bei gemauerten Schornsteinen insbesondere den Kalk des Mörtels und der Ziegelsteine in Kalziumsulfat (Gips) verwandelt. Letzteres tritt dann auch oft als salziger Niederschlag an der Außenseite der Schornsteine in Erscheinung. Durch diese chem. Reaktion zerfällt der Mörtel und die Ziegelsteine verlieren dadurch den gegenseitigen Zusammenhalt.

Klärung dieser Angelegenheit noch nicht vor, und die wenigen praktischen Versuche des Münchner Gaswerks reichen zu einem einwandfreien Urteil noch nicht ganz aus.

In einer Rückstromsicherung stehen die Abgase mit der umgebenden Luft in direkter Verbindung; dadurch besteht die Gefahr von Abgasaustritt auch bei sonst normaler Abgasabführung. Dieser Gefahr muß aber durch die konstruktive Durchbildung der Rückstromsicherung entgegengearbeitet werden, und es läßt sich wohl erreichen, daß Abgasaustritt bei normaler Abgasabführung nicht stattfindet. Die Konstruktion muß infolgedessen den besonders gearteten Strömungsverhältnissen Rechnung tragen. Auf diese Strömungsverhältnisse in einer kegelförmigen Rückstromsicherung soll im folgenden kurz eingegangen werden. Befinden sich im Rohr h_1 (Abb. 40) Abgase, die leichter als die umgebende Luft sind, so entsteht infolge des Auftriebes im Rohr h_1 ein Aufstrom. Je nach der Lage von etwa im Rohr h_1 vorhandenen Einzelwiderständen entstehen Druckdifferenzen zwischen den Abgasen und der umgebenden Luft, wie im Abschnitt 5 »Umsetzung der Auftriebsenergie beim Strömungsvorgang der Abgase« dargelegt ist. Können die Abgase am oberen Ende des Rohres h_1 frei ausströmen, befindet sich also kein Widerstand am Austritt der Abgase aus dem Rohr h_1, so müssen die Abgase beim Verlassen dieses Rohres den Druck der umgebenden Luft haben, also weder Überdruck noch Unterdruck (in Abb. 40 ist die betreffende Stelle mit 0 mm W.-S. bezeichnet). Die Abgase haben beim Verlassen des Rohres keine Druckenergie, sondern nur reine Strömungsenergie $\left(\frac{w^2}{2g}\gamma_{at}\right)$. Dies ist die einzige Energie, die von der im Rohr h_1 erzeugten Auftriebsenergie außerhalb des Rohres h_1 zur Wirkung kommen kann. Setzt man zunächst voraus, daß der Umlenkkörper der Rückstromsicherung genügend weit vom oberen Ende des Rohres h_1 entfernt ist, d. h. das Maß h in Abb. 40 genügend groß ist, so kann eine Beeinflussung der Strömung im Rohr h_1 durch den Umlenkkörper nicht eintreten, ferner kann die

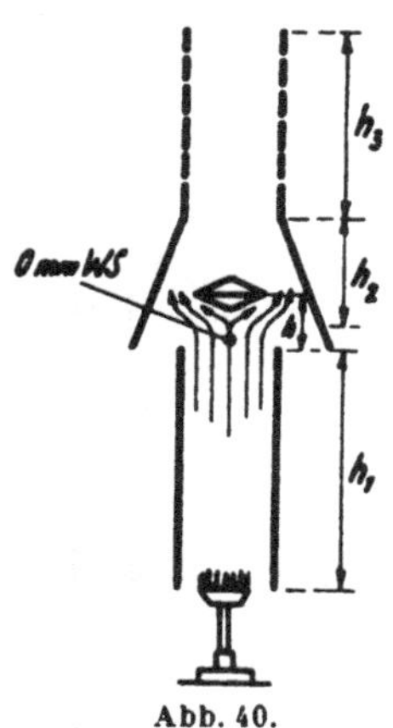

Abb. 40.

Auftriebsenergie im Rohr h_1 nicht zur Überwindung etwaiger Widerstände in der Rückstromsicherung herangezogen werden, ausgenommen die geringe Strömungsenergie der frei strömenden Abgase. Würde aber der Umlenkkörper der Rückstromsicherung zu tief auf der Austrittsöffnung des Rohres h_1 sitzen, d. h. das Maß h in Abb. 40 zu klein gemacht werden, so liegt ein Austrittswiderstand der Abgase aus dem Rohr h_1 vor, wodurch den Abgasen der Austritt aus dem Rohr erschwert wird und Überdruck unterhalb des Widerstandes entstehen muß ganz in Übereinstimmung mit den früheren Erörterungen über den manometrischen Druckverlauf. Nun ist natürlich

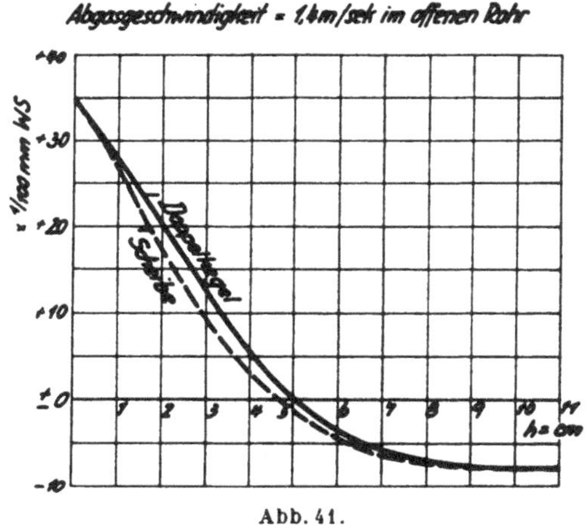

Abb. 41.

erste Bedingung für die Konstruktion einer Rückstromsicherung, daß der Umlenkkörper den Austritt der Abgase aus dem Rohr h_1 nicht hemmt. Bei welcher Entfernung des Ablenkkörpers vom oberen Ende des Rohres h_1 ein Austrittswiderstand für die Abgase beim Austritt aus dem Rohr h_1 entsteht und wie groß der Überdruck am Rohrende in Abhängigkeit von dieser Entfernung ist, zeigt beispielsweise Diagramm Abb. 41 für ein Rohr von 130 mm Dmr. mit gleich großem Durchmesser des Doppelkegels (Umlenkkörpers) bei einer durchströmenden Abgasmenge, wie sie von einem Warmwasserbereiter von 450 kcal/min Nennbelastung erzeugt wird. Die gestrichelte Kurve gilt für eine Umlenkscheibe von 150 mm Dmr. Aus dem Diagramm ist ersichtlich, daß in diesem Fall bei einer Entfernung h über 5 cm eine Beeinflussung des Strömungsvorgangs im Rohr h_1 nicht mehr stattfindet. Bei allen richtig gebauten Rückstromsicherungen darf eine Beeinflussung des Strömungsvorganges im Rohr h_1 durch den Umlenkkörper nicht stattfinden; eine Forderung, die eigentlich selbstverständlich und auch leicht zu erfüllen ist.

Irgendwelche Widerstände in der Rückstromsicherung können also nicht etwa durch den Auftrieb, den das Rohr h_1 erzeugt, überwunden werden, weil zwischen dem oberen Ende des Rohres h_1 und den Widerständen der Rückstromsicherung frei strömende Abgase sich befinden, die nur Strömungsenergie, aber keine Druckenergie haben. Hätten sie nämlich Druck, dann müßten sie sich entspannen und würden an den Öffnungen austreten. Nur wenn ein Austrittswiderstand des Rohres h_1 vorläge — was nicht sein soll —, ließe sich dieser vom Auftrieb des Rohres h_1 überwinden. Es muß hierauf besonders hingewiesen werden, weil es über diese Vorgänge z. B. folgende irreführende Lesart gibt, gegen die ich mich immer gesträubt habe (vgl. »Richtlinien für die Abgasabführung von häuslichen Gasfeuerstätten« S. 6, Fußnote 6):

> »Die Rückwirkung des Eintrittswiderstandes der Rückstromsicherung auf die Auftriebsverhältnisse in dem vorgeschalteten Rohrstück wird bedingt durch die Richtungsänderung der Abgase bei dem Auftreffen auf den Umlenkkörper der Rückstromsicherung. Unzulässig großer Eintrittswiderstand in die Rückstromsicherung würde sich durch Austritt von Abgasen aus der Zugunterbrechung des Gerätes äußern.
>
> Die Überwindung dieses Widerstandes erfordert eine Verlängerung des auftriebliefernden Rohrstückes zwischen Gerät und zusätzlicher Rückstromsicherung, welche zu der zur Überwindung des Austrittswiderstandes des Gerätes erforderlichen Rohrstrecke hinzuzufügen ist.«

Die Abgase strömen drucklos, vollständig frei infolge des eigenen Auftriebs, den sie natürlich auch nach Verlassen des Rohres h_1 haben, und infolge der reinen Strömungsenergie, die sie beim Verlassen des Rohres h_1 mit auf den Weg bekommen haben, der Rückstromsicherung zu und werden durch den Auftrieb, der in der Sicherung selbst (h_2) und im nachgeschalteten Rohr h_3 erzeugt wird, durch die Widerstände der Rückstromsicherung gebracht, in das obere Rohr eingezogen und dort weiterbefördert.

Wenn Abgase aus der Rückstromsicherung bei normaler Abgasabführung austreten, so ist der freie Querschnitt zwischen Umlenkkörper und dem Mantel der kegelförmigen Sicherung zu klein bzw. der Widerstand zu groß im Verhältnis zu den Auftriebskräften in und besonders nach der Rückstromsicherung. Man hat dann entweder die Widerstände zu verringern oder das nachgeschaltete Rohr h_3 entsprechend lang zu machen.

Zur Erzielung einer zweckentsprechenden Arbeitsweise einer Zugunterbrechung und Rückstromsicherung spielt neben der richtigen Bauart dieser Vorrichtung auch ihr Einbau an der richtigen Stelle im Abgasweg eine sehr wichtige Rolle. Nur wenn beides zusammentrifft, ist der Erfolg sicher. Grundsätzlich gilt für die Lage dieser Vorrichtungen im Abgasweg folgendes:

1. Die Vorrichtung muß im gleichen Raum liegen, in dem das Gerät sich befindet.
2. Widerstände im Abgasweg unmittelbar nach diesen Vorrichtungen sowie kurz darauf folgende fallende Züge sind zu vermeiden.
3. Nach der Vorrichtung soll zunächst ein gerades senkrechtes Abgasrohrstück folgen.
4. Die aus der Abgasleitung rückströmenden Abgase bzw. Luftmengen müssen hemmungslos aus der Rückstromsicherung in den Raum austreten können.

Man kann eine Zugunterbrechung bzw. Rückstromsicherung in die Abgasleitung oder auch in die Gasgeräte selbst verlegen. Bei Warmwasserbereitern war eine Zugunterbrechung gewöhnlich von vornherein zwischen Wärmeübertragungskörper und Abgashaube vorgesehen (vgl. Abb. 42). Wurde die eingebaute Zugunterbrechung allein als ausreichender Schutz gegen Störungen in der Abgasabführung angesehen, wobei natürlich nur Zugschwankungen evtl. auch Stau in Frage kamen, so mußte dem Gerät zunächst ein gerades vertikales Abgasrohrstück nachgeschaltet werden, ehe man mit einem Krümmer in den Schornstein ging. Der Zweck dieses Abgasrohrstückes bestand darin, genügend Auftrieb zur Überwindung des Haubenwiderstandes zu erzeugen; denn der in der Haube vorhandene

Auftrieb allein reichte zur Überwindung dieses Widerstandes und daher zur Verhinderung von Abgasaustritt aus der Zugunterbrechung nicht aus.

Sollte das Gerät auch noch gegen die Einwirkungen von Rückstrom geschützt werden, so mußte der Installateur eine zusätzliche Rückstromsicherung bei der Montage des Gerätes in die Abgasleitung einbauen. Der ordnungsmäßige Einbau einer Rückstromsicherung in die Abgasleitung mußte in folgender Weise erfolgen (vgl. Abb. 42): auf das Gerät war zunächst ein vertikales Abgasrohrstück h_2 zur Vermeidung von Abgasaustritt aus der eingebauten Zugunterbrechung zu setzen, darauf folgte die Rückstromsicherung, dann wieder ein vertikales Abgasrohrstück h_3 zur Vermeidung von Abgasaustritt aus der Rückstromsicherung und erst nach diesem Rohrstück h_3 war mit einem Krümmer in den Schornstein zu gehen. Es entstanden auf diese Weise drei unabhängig voneinander arbeitende Teile: Teil h_1 (= der Unterteil des Gerätes), der Teil h_y und der Teil h_x. Jeder Teil mußte natürlich so leistungsfähig sein oder gemacht werden, daß jeder für sich mit dem ihm eigenen Auftrieb die anfallende Abgasmenge mit der notwendigen Geschwindigkeit im eigenen Bereich fortführte. War ein Teil zu wenig leistungsfähig, d. h. sein Auftrieb zu schwach im Verhältnis zu den eigenen Widerständen, so mußten Abgase an der Unterbrechung, die vor dem leistungsschwachen Teil lag, austreten.

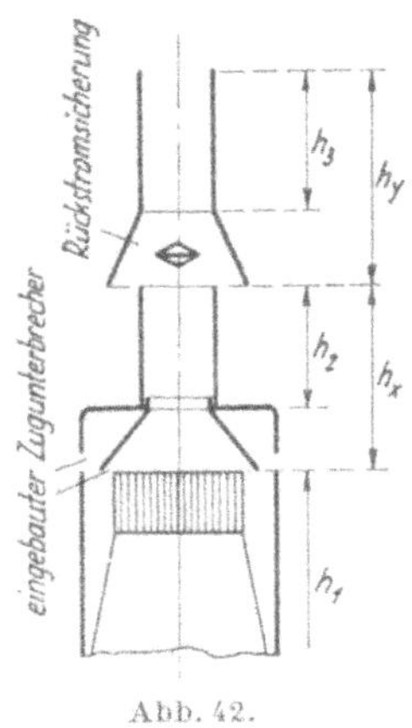

Abb. 42.

Die Anordnung der Abgasabführung nach Abb. 42 hatte viele Nachteile:

1. Die Lage der Zugunterbrechung unmittelbar vor dem großen Haubenwiderstand war denkbar ungünstig.
2. Die benötigte Bauhöhe dieser Abgasinstallation war groß, oft viel zu groß im Verhältnis zu den geringen Stockwerkshöhen der Häuser.
3. Der sachgemäße Einbau der zusätzlichen Rückstromsicherung war dem Installateur überlassen, der hierin oft zu wenig Bescheid wußte.

4. Es waren tatsächlich zwei Zugunterbrecher bzw. Stausicherungen und eine Sicherung gegen Rückstrom vorhanden, während eine auch als Zugunterbrecher wirkende Rückstromsicherung durchaus ausreichte.

So kam es, daß sich praktisch die Abgasinstallation nach Abb. 42 nicht gut bewährte und nur bei sorgfältiger und sachgemäßer Ausführung Schwierigkeiten und Unglücksfälle vermieden werden konnten. Das Gaswerk München, das diesen Dingen große Aufmerksamkeit geschenkt hatte, schlug deshalb bei den Warmwasserbereitern die Beseitigung der vor der Innenhaube gelegenen Zugunterbrechung und die Verlegung der Rückstromsicherung in den Oberteil der Geräte vor (vgl. GWF vom 6. 4. 1929), und zwar derart, daß die Rückstromsicherung nach der Innenhaube zu liegen kam. Die Unterbrechung lag also nicht mehr vor dem Haubenwiderstand. In Abb. 43 ist der organische Einbau in das Gerät schematisch dargestellt, wie er vom Münchner Gaswerk durchgeführt wurde. Das Vorgehen des Gaswerks wurde zunächst fast allgemein abgelehnt; im Verlauf der Zeit hat sich jedoch die Fachwelt diesem Vorgehen Münchens mit angeschlossen, so daß jetzt Warmwasserbereiter mit eingebauter Rückstromsicherung allgemein verlangt und von fast allen Firmen auch gebaut werden.

Beim Einbau einer Rückstromsicherung in Warmwasserbereitern sind folgende konstruktive Gesichtspunkte zu beachten: oberster Grundsatz bei allen Maßnahmen muß sein, jegliche Widerstände, die einer glatten Strömung der Abgase durch die Rückstromsicherung hinderlich sein können oder die ein glattes Abströmen der bei Rückstrom von oben kommenden Luftmengen in den Raum hemmen können, soweit wie möglich peinlich zu vermeiden. Wer diesen Grundsatz außer acht läßt, hat starke Wirbelbildungen bei den Strömungsvorgängen zu gewärtigen; durch die Wirbel entsteht Überdruck in der Abgashaube und als Folge davon treten die Abgase bei der normalen Durchströmung der Sicherung von unten nach oben aus den Zugunterbrecheröffnungen teilweise in den Raum aus, und bei Rückstrom findet eine ungünstige Beeinflussung der Strömung im unteren Teil des Gerätes statt, wodurch wiederum die Verbrennung des Gases gestört wird. Wer sich jedoch in die Strömungsverhältnisse bei der Rückstromsicherung hineindenkt, wozu ein gewisses Gefühl und eine

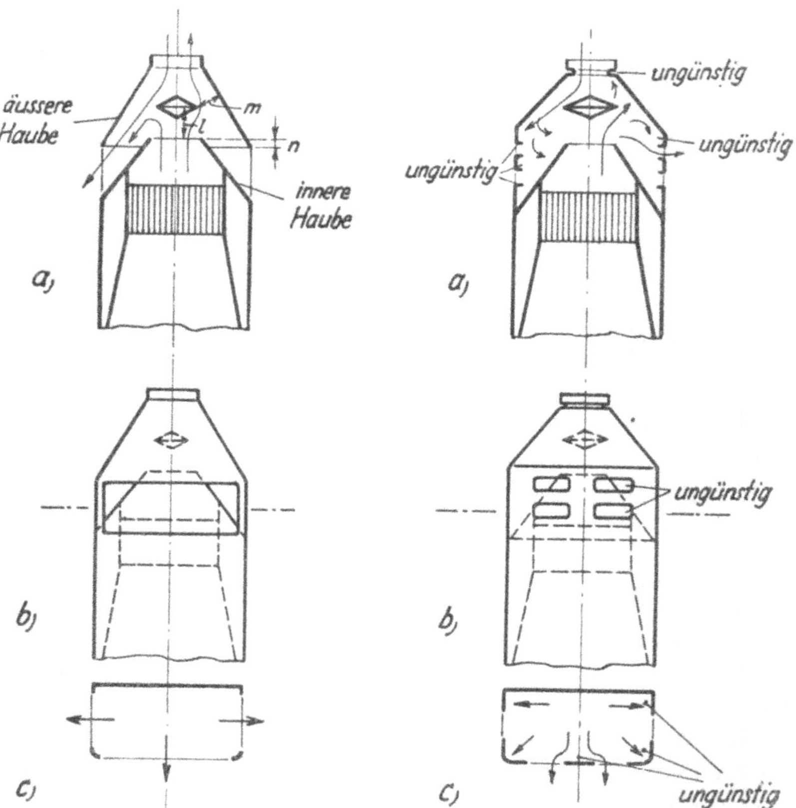

Abb. 43. Günstige Ausbildung der eingebauten Rückstromsicherung.

Abb. 44. Fehlerhafte Ausführung bei der eingebauten Rückstromsicherung.

gute Vorstellung wohl notwendig ist, und obigen Grundsatz streng befolgt, wird mühelos das Richtige treffen.

In der Abb. 43 ist eine konstruktiv günstige Ausführung skizziert und dieser in Abb. 44 eine im Prinzip gleiche Konstruktion gegenübergestellt, die gegenüber Abb. 43 viele ungünstige Momente aufweist. Die beiden Abb. a sollen einen senkrechten Schnitt durch den Oberteil des Gerätes, die Abb. b eine Vorderansicht und die Abb. c den waagerechten Schnitt $x-y$ durch den Mantel der Geräte in Höhe der Rückstromsicherung darstellen. Betrachten wir die Konstruktion hinsichtlich der wichtigsten strömungstechnischen Forderungen zunächst in ihrer Funktion als Zugunterbrecher und dann in der Funktion als Rückstromsicherung. Damit die Abgase bei der normalen Strömungsrichtung von unten nach oben nicht aus den Öffnungen des Unterbrechers in den Raum austreten, sind die Widerstände möglichst klein zu halten, ferner ist den Abgasen genügend freier Querschnitt zum Abströmen zur Verfügung zu stellen. Günstig ist es, wenn die Abgase beim Austritt aus der inneren Haube, die direkt über dem Lamellenkörper liegt, schon bis auf den Querschnitt des Abgasstutzens zusammengebracht werden, weil dann der Umlenkkörper kleiner ausgeführt werden kann und weniger Widerstand bietet, als wenn infolge großer Austrittsöffnung der Innenhaube der Umlenkkörper entsprechend groß gemacht werden muß und die Abgase daher stark in die waagerechte Richtung umgelenkt und unnötig dicht an die äußeren Öffnungen des Gerätes herangeführt werden. Ein Nachteil der großen Austrittsöffnung bei der Innenhaube und eines dazu gehörigen großen Umlenkkörpers ist ferner darin zu sehen, daß die Abgase in der äußeren Haube von der kleineren Geschwindigkeit in der Nähe des großen Umlenkkörpers auf die relative große Geschwindigkeit im Abgasstutzen gebracht werden müssen, wozu hohe und steile äußere Hauben erforderlich sind, wenn Abgasaustritt vermieden werden soll. Macht man die Austrittsöffnung der Innenhaube groß, so ist natürlich der Widerstand dieser Haube kleiner, und die Strömung der Verbrennungsprodukte in dem unteren Teil des Gerätes vom Brenner bis zum Austritt aus der Innenhaube findet bei geringerem Widerstand statt. Man hat also die Wahl, entweder die Widerstände im unteren Geräteteil kleiner zu halten und muß dann einen größeren Widerstand in der Rückstromsicherung in Kauf nehmen oder aber man läßt einen etwas größeren Widerstand im unteren Teil zu und hat dafür günstigere Strömungsverhältnisse in der Rückstromsicherung. Im letzten Fall ist ein Austritt von Abgasen aus den Öffnungen leichter zu vermeiden, die äußere Haube kann niedriger und die Bauhöhe des Apparates kleiner ausfallen. Mir scheint die Herabsetzung der Widerstände in der Rückstromsicherung auf ein Minimum deswegen wichtiger zu sein, weil die Strömung der Abgase in der Rückstromsicherung dicht an den mit der umgebenden Luft in direkter Verbindung stehenden Öffnungen vorbeigeht, während aber die Strömung im unteren Teil des Gerätes in einem ringsum dichten Gehäuse erfolgt.

Damit der Umlenkkörper den Austritt der Abgase aus der Öffnung der unteren Haube nicht ungünstig beeinflussen oder erschweren kann, muß der Umlenkkörper — wie schon erwähnt — genügend weit von der Austrittsöffnung der unteren Haube entfernt sein; das Maß l (Abb. 43a) soll nicht kleiner $d/2$ sein, wenn d den Durchmesser der Austrittsöffnung der unteren Haube bezeichnet. Damit ferner die Abgase ohne große Hemmung den Umlenkkörper umfließen können, muß der freie Querschnitt zwischen Umlenkkörper und äußerer Haube genügend weit sein (vgl. Maß m in Abb. 43a). Der Durchmesser des Umlenkkörpers selbst (bzw. einer Scheibe od. dgl.) kann um etwa 1 bis 2 cm kleiner sein als der Durchmesser der Öffnung der Innenhaube; trotzdem bläst bei Rückstrom die von oben kommende seitlich abgelenkte Luft nicht in die Öffnung der Innenhaube hinein. Der zwischen Umlenkkörper und äußerer Haube befindliche freie Querschnitt wird um so größer, je steiler die äußere Haube genommen wird. Man bekommt meist brauchbare Verhältnisse, wenn die Winkel, den die Mantellinien der Haube mit der Waagerechten bilden, nicht kleiner als etwa 55^0-60^0 sind. Der Umlenkkörper muß ringsum frei in der geräumigen Haube sitzen. Ist das nicht der Fall, so stoßen sich die Abgase zu stark an der äußeren Haube und treten leicht aus den Öffnungen aus (vgl. Abb. 44a, rechte Apparathälfte). Ungünstig ist ferner für die Strömung der Abgase aus der äußeren Haube in den Abgasstutzen, wenn der Übergang der Haube in den Abgasstutzen nicht glatt und nicht allmählich übergeht. Wenn z. B. die Haube oben plötzlich vom rechteckigen auf runden Querschnitt übergeht oder wenn an der Verbindungsstelle der Haube mit dem Abgasstutzen nach Innen vorspringenden Wülste (die vom Falzen herrühren) vorhanden sind, so erkennt man auf den ersten Blick, daß sich der Konstrukteur um Beseitigungen von Widerständen nicht viel gekümmert hat und das Gerät unter ungünstigeren Verhältnissen arbeiten muß als notwendig wäre.

Wenn einerseits die Beseitigung aller möglichen Strömungswiderstände den Abgasen die Abströmung in den Abgasstutzen erleichtert, so kann man andererseits auch den Abgasen den Austritt durch die Zugunterbrecheröffnungen in den Aufstellraum erschweren. Das kann dadurch erreicht werden, daß die Oberkante der Austrittsöffnung der Innenhaube etwas höher liegt als die Oberkante der nach außen gehenden Öffnungen (in Abb. 43a das Maß *n*). Wenn nämlich die Abgase bei dieser Anordnung aus den Öffnungen austreten wollen, so müßten sie erst um das Maß *n* nach unten gehen. Das tun die leichteren Abgase aber ungern; sie erzeugen dabei zunächst höheren Druck bzw. größeren Auftrieb in der Außenhaube, wodurch die Abgase mit mehr Kraft nach oben in den Abgasstutzen gedrückt werden, und erst dann würden sie aus den Zugunterbrecheröffnungen austreten. Das Maß *n* der Überdeckung kann etwa 3 cm betragen. Wird es wesentlich größer gemacht, so kann bei Stau und bei geringem Rückstrom im Abgasrohr eine ungünstige Beeinträchtigung des Strömungsvorganges im unteren Gerät eintreten, weil dann die Austrittsöffnung der Innenhaube unter unzulässig hohen Druck kommt.

Da der Auftrieb in der äußeren Haube allein meist nicht ganz ausreicht, um bei den vorhandenen Widerständen die Abgase mit der erforderlichen Geschwindigkeit weiter zu befördern und Austritt von Abgasen an den Zugunterbrecheröffnungen gänzlich zu vermeiden, wird dem Gerät ein auftrieberzeugendes Abgasrohrstück nachgeschaltet. Nach den Vorschriften des DVGW muß durch Nachschalten eines höchstens 50 cm langen Abgasrohrstücks ein Austreten von Abgasen aus den Zugunterbrecheröffnungen bei Grenzbelastung beseitigt werden können.

Vorstehende Ausführungen galten der Erzielung einer günstigen Strömung der Abgase durch die Rückstromsicherung, wenn sie von unten nach oben erfolgt. Jetzt wären noch die Gesichtspunkte zur Erzielung einer günstigen Arbeitsweise bei Rückstrom zu erörtern. Das Wichtigste ist, dafür zu sorgen, daß die aus dem Abgasrohr rückströmende Luft (bzw. die rückströmenden Abgase) glatt ohne Hemmung und ohne Wirbelung aus den äußeren Öffnungen in die Umgebung abfließen kann und dabei die aus der Öffnung der Innenhaube nach oben aufsteigenden Abgase mitreißt (Ejektorwirkung des Luftstrahls; Strahlpumpe). Zur Erzielung eines glatten und wirbelfreien Abströmens der Luft sind einmal genügend große Öffnungen im Mantel des Gerätes erforderlich, ferner sichere Führung der Luft in glatten Kanälen, sodann ein freies Schußfeld, d. h. jegliche Widerstände im Luftstrom sind auf ein Minimum zu reduzieren, damit keine Wirbel entstehen; denn diese erzeugen Überdruck an der Austrittsöffnung der Innenhaube und beunruhigen auch sonst den Strömungsvorgang im Unterteile des Gerätes. Zur Erzielung eines wirbelfreien Abströmens der rückströmenden Luft ist wichtig, daß die vom Umlenkkörper abgebogenen Luftstrahlen direkt in die äußeren Öffnungen treffen (vgl. Abb. 43a) und nicht etwa daneben, sei es oberhalb, unterhalb oder seitlich der Öffnungen (vgl. Abb. 44a). Denn wie ein Wasserstrahl, der auf ein Hindernis stößt, auseinanderspritzt, so ähnlich ergeht es dem Luftstrahl auch; darum sind alle Hindernisse (Stege aus Blech oder auch tote Ecken, in denen sich die Luftstrahlen fangen) möglichst schmal zu halten (vgl. Abb. 43c gegenüber der schlechten Ausführung Abb. 44c).

Leider kann man die Beobachtung machen, daß mitunter die Geräte bei der ersten Ausführung den technischen Anforderungen entsprachen und einwandfrei arbeiteten, bei späteren Ausführungen jedoch nicht mehr so gut funktionierten, weil man geglaubt hatte, noch »Verbesserungen« in Form von dichtem Gitterwerk vor den Öffnungen u. dgl. mehr anbringen zu müssen. Das soll schön aussehen, aber der Apparat entspricht bedauerlicherweise dann oft nicht mehr den Prüfvorschriften, was ja gar nicht verwunderlich sein kann. Grundsatz: Erst technisch richtig bauen, dann architektonisch verschönern, aber ohne an der technischen Sache etwas zu verschlechtern. Werden die eingebauten Rückstromsicherungen nach den genannten Forderungen durchgebildet, so arbeitet das Gerät auch bei Rückstrom ganz einwandfrei; die rückströmende Luft saugt die Abgase sogar noch aus dem Unterteil des Gerätes an (nach Wirkung einer Strahlpumpe), und zwar um so mehr, je größer die Rückstromgeschwindigkeit ist.

Zum Schluß sei noch bemerkt, daß die Rückstromsicherungen in der beschriebenen Form wohl einen von den Störungen in der Abgasleitung unabhängigen Strömungsvorgang in den Geräten gewährleisten und daher die durch Störungen in der Abgasabführung hervorgerufene unvollkommene Verbrennung des Gases in den Geräten unter allen Umständen vermeiden können. Man darf sich aber auch die Nachteile, die durch die Rückstromsicherungen verursacht werden können, nicht verhehlen. Als Nachteile kann man etwa anführen: Zutritt von Falschluft zu den Abgasen bei großem Schornsteinzug; Austritt von Verbrennungsgasen in den Raum bei Stau und bei Rückstrom und dadurch Verschlechterung der Raumluft besonders in kleinen Räumen; Verringerung des Schornsteinzuges, wenn mehrere Geräte (evtl. auch Kohlenfeuerstätten) an den gleichen Schornstein angeschlossen sind; evtl. Verschlechterung der äußeren Formen der Geräte u. dgl. Man wird daher bestrebt sein, die jetzigen Konstruktionen der Rückstromsicherungen noch zu verbessern oder das gleiche Ziel, nämlich die Verhinderung der unvollkommenen Verbrennung des Gases und eines veränderlichen Luftüberschusses infolge Zugschwankungen, auch auf anderem Wege oder durch andere Mittel zu erreichen, die die genannten Nachteile vermeiden. Man kann z. B. an automatische Zugregler denken, die in die Geräte eingebaut sind und die bei eintretendem Rückstrom das Gerät außer Betrieb setzen, also kein Gas aus dem Brenner während der Dauer des Rückstromes austreten lassen. Ferner könnte man an Regelvorrichtungen denken, die etwa auf den CO_2- oder O_2- oder auch CO-Gehalt der Verbrennungsgase reagieren und Veränderungen des Luftüberschusses nach der einen oder anderen Richtung verhindern. Die technische Lösung einer solchen Aufgabe müßte natürlich so beschaffen sein, daß sie mit dem Gesamtpreis des Gasgerätes in Einklang gebracht werden kann. Gasausströmungssicherungen, Abgassicherungen und Gasdruckregler, ferner bei Warmwasserbereitern noch Wassermangelsicherungen und bei anderen Geräten Temperaturregler sind Vorrichtungen, durch die eine angenehmere und ungefährlichere Verwendung des Gases erzielt wird, wenn diese Regel- und Sicherheitsvorrichtungen mit der erforderlichen Unfehlbarkeit arbeiten.

www.ingramcontent.com/pod-product-compliance
Lightning Source LLC
Chambersburg PA
CBHW031447180326
41458CB00002B/671